设施园艺作物生产关键技术问答丛书

设施草莓
栽培与病虫害防治

SHESHI CAOMEI ZAIPEI YU
BINGCHONGHAI FANGZHI BAIWEN BAIDA

百问百答

宗 静 马 欣 王 琼 主编

U0256246

中国农业出版社

北 京

《设施草莓栽培与病虫害防治百问百答》
编写人员名单

主　　编：宗　静　马　欣　王　琼
副 主 编：齐长红　祝　宁　付　鹏
编写人员（按汉语拼音排名）：

安顺伟	陈明远	陈宗玲	韩立红
季　洁	李　婷	李　锐	刘宝文
刘建伟	鲁少尉	马　欣	聂　青
裴志超	齐长红	商　磊	徐　晨
徐　娜	许永新	王　琼	王亚甡
吴尚军	吴文强	张　宁	张　涛
郑　禾	祝　宁	朱　文	宗　静

视频编辑：付雨思　王昱豪

目 录
CONTENTS

一、概论 ………………………………………………… 1

  1. 草莓的营养、保健与医疗价值有哪些? …………… 1

  2. 如何发挥草莓的文化休闲功能? ………………… 2

二、草莓的生理特征 …………………………………… 4

  3. 草莓的根系有哪些特征和需求? ………………… 4

  4. 根系出现早衰,如何护根? ……………………… 5

  5. 草莓的茎有哪些特征? 如何促生匍匐茎? ……… 6

  6. 草莓的叶有什么特征? …………………………… 8

  7. 草莓的花有什么特征? …………………………… 9

  8. 草莓是怎样进行花芽分化的? …………………… 9

  9. 草莓花芽分化受哪些因素影响? ……………… 10

  10. 草莓有怎样的结果特性? ……………………… 12

  11. 草莓为什么会休眠,休眠时有哪些生理特征? …… 13

  12. 草莓休眠受哪些因素影响? …………………… 14

  13. 如何打破草莓休眠? …………………………… 14

  14. 草莓对温湿度条件有哪些要求? ……………… 15

  15. 草莓对光照有哪些要求? ……………………… 16

  16. 草莓对土壤条件有哪些要求? ………………… 18

三、草莓品种 ································· 19

17. 如何选择适宜的品种? ················· 19

18. 草莓的优良品种有哪些? ··············· 21

19. 红颜品种有哪些特点? ················· 22

20. 章姬品种有哪些特点? ················· 22

21. 甜查理品种有哪些特点? ··············· 23

22. 圣诞红品种有哪些特点? ··············· 23

23. 香野品种有哪些特点? ················· 24

24. 越心品种有哪些特点? ················· 24

25. 小白草莓品种有哪些特点? ············· 24

26. 红玉品种有哪些特点? ················· 25

27. 黔莓二号品种有哪些特点? ············· 25

28. 白雪公主品种有哪些特点? ············· 26

29. 艳丽品种有哪些特点? ················· 26

30. 京桃香品种有哪些特点? ··············· 27

31. 京藏香品种有哪些特点? ··············· 27

32. 种子繁殖型草莓品种的优势有哪些? ····· 27

四、草莓种苗繁育 ······················· 29

33. 草莓种苗繁育方法有哪些? ············· 29

34. 草莓有哪些育苗模式? ················· 32

35. 草莓避雨基质育苗有哪些优势? ········· 33

36. 草莓高架网槽式育苗有哪些特点? ······· 34

37. 草莓省力扦插育苗有哪些特点? ········· 34

38. 草莓阴棚育苗有哪些特点? ············· 35

39. 如何保证草莓育苗环境的清洁? ········· 36

40. 草莓基质育苗的育苗容器有哪些规格,
    各自有什么特点? ····················· 37

41. 怎样选择草莓育苗基质？ …………………………… 38

42. 如何选择母苗，脱毒种苗有哪些优势？ ………… 39

43. 可以使用生产过的草莓作母苗吗？ ……………… 39

44. 怎样定植草莓母苗？ ……………………………… 40

45. 草莓育苗期温度怎样管理？ ……………………… 40

46. 基质育苗中草莓的水分怎样管理？ ……………… 41

47. 基质育苗中草莓的养分怎样管理？ ……………… 42

48. 草莓母苗植株怎样管理？ ………………………… 43

49. 草莓子苗植株怎样管理？ ………………………… 43

50. 怎样引压匍匐茎苗？ ……………………………… 44

51. 如何做好草莓苗的越夏管理？ …………………… 44

52. 如何防止浮苗发生？ ……………………………… 46

53. 露地育苗如何起苗？ ……………………………… 47

五、草莓促成栽培 …………………………………………… 48

54. 草莓有哪些栽培模式？ …………………………… 48

55. 草莓土壤栽培模式有哪些特点？ ………………… 49

56. 草莓高架基质栽培模式有哪些特点？ …………… 49

57. 草莓半基质栽培模式有哪些特点？ ……………… 51

58. 草莓日光温室东西向栽培有哪些特点？ ………… 51

59. 草莓温室后墙栽培有哪些特点？ ………………… 53

60. 草莓盆栽技术有哪些特点？ ……………………… 54

61. 如何确定草莓的适宜定植期？ …………………… 55

62. 生产上如何促进花芽分化？ ……………………… 56

63. 如何采用太阳能消毒法进行土壤和
棚室消毒？ ………………………………………… 58

64. 如何采用石灰氮太阳能土壤消毒法进行
土壤消毒？ ………………………………………… 59

65. 使用土壤熏蒸剂进行土壤消毒，有哪些要求？ …… 60

66. 药剂土壤消毒后，如何确定土壤安全达到
　　种植要求？ …………………………………………… 61

67. 土壤 pH 较高，如何调整？ ……………………… 62

68. 土壤比较黏重，如何改良？ ……………………… 63

69. 草莓定植前的准备有哪些？ ……………………… 64

70. 如何选择生产苗？ ………………………………… 66

71. 定植前，草莓种苗如何消毒？ …………………… 66

72. 定植草莓的关键技术有哪些？ …………………… 67

73. 草莓定植后，应如何管理？ ……………………… 67

74. 草莓定植后出现死苗，如何补苗？ ……………… 69

75. 草莓生长期，如何整理叶片？ …………………… 69

76. 促成栽培什么时间开始保温？ …………………… 70

77. 如何选择和覆盖棚膜？ …………………………… 71

78. 在北方，如何选择和安装保温被？ ……………… 72

79. 如何选择和覆盖地膜？ …………………………… 73

80. 促成栽培中的低温危害有哪些表现，
　　如何预防？ ………………………………………… 75

81. 什么时间释放蜜蜂比较适宜？ …………………… 75

82. 如何养护蜜蜂？ …………………………………… 76

83. 如何做好棚室的温度调控？ ……………………… 77

84. 如何进行草莓的水肥管理？ ……………………… 79

85. 怎样提高灌溉水的温度？ ………………………… 81

86. 怎样提高基质温度？ ……………………………… 82

87. 连阴天如何管理？ ………………………………… 83

88. 草莓生产过程中如何补光？ ……………………… 84

89. 怎样进行疏花疏果操作？ ………………………… 84

90. 如何防止结果枝折断？ …………………………… 85

91. 二氧化碳在草莓生产中发挥什么作用？ ………… 86

92. 袋式二氧化碳发生剂使用技术特点是什么？ …… 87

93. 氮肥使用不当会出现哪些症状？ …………………… 88

94. 磷肥有哪些作用，缺磷会造成哪些危害？ ………… 89

95. 钾肥有哪些作用，使用不当会出现哪些症状？ …… 89

96. 钙元素在草莓生长中发挥哪些重要作用？ ………… 90

97. 如何鉴别和缓解草莓缺钙症状？ …………………… 90

98. 硼对草莓的生长有哪些作用，如何正确使用？ …… 91

99. 铁对草莓有哪些作用，如何防治缺铁症？ ………… 92

100. 如何防治缺镁症？ ………………………………… 93

101. 如何防治缺锌症？ ………………………………… 93

102. 如何防治缺钼症？ ………………………………… 94

103. 如何防治缺锰症？ ………………………………… 94

104. 草莓盐害有哪些特征？ …………………………… 95

105. 草莓水肥一体化技术模式有哪些？
　　 各有哪些优缺点？ ……………………………… 95

106. 草莓滴灌施肥系统常见问题有哪些，
　　 如何解决？ ……………………………………… 96

107. 草莓滴灌施肥系统常见错误操作有哪些，
　　 如何改正？ ……………………………………… 97

108. 草莓为什么会出现断茬？ ………………………… 98

109. 为什么草莓果上会长叶子？ ……………………… 99

六、草莓套种 ……………………………………………… 101

110. 草莓套种有哪些优势，需要注意哪些问题？ …… 101

111. 草莓套种的模式有哪些？ ………………………… 102

112. 草莓套种洋葱有哪些技术要求？ ………………… 104

113. 草莓套种水果苤蓝有哪些技术要求？ …………… 106

114. 温室地栽草莓如何套种栗蘑？ …………………… 107

115. 高架基质栽培草莓如何套种食用菌？ …………… 108

116. 如何在草莓中套种鲜食玉米？ …………………… 110

117. 如何在草莓中套种西瓜、甜瓜？ ·············· 111

118. 草莓套种葡萄，如何管理？ ················· 113

七、草莓畸形果预防 ·································· 118

119. 草莓畸形果的形成原因有哪些？ ·············· 118

120. 怎样合理用药预防畸形果？ ················· 121

121. 怎样合理施肥预防畸形果？ ················· 122

122. 常见畸形果种类有哪些？如何防治？ ·········· 125

八、草莓采后包装贮藏 ······························ 127

123. 如何确定草莓是否成熟？ ··················· 127

124. 如何确定草莓的适宜采收期？ ··············· 128

125. 怎样进行草莓果实包装？ ··················· 129

126. 怎样进行草莓果实贮藏？ ··················· 130

127. 怎样进行草莓果实运输？ ··················· 131

九、草莓病虫害防治 ································ 133

128. 草莓病虫害的农业防治措施有哪些？ ·········· 133

129. 草莓病虫害的物理防治措施有哪些？ ·········· 134

130. 草莓病虫害的生物防治措施有哪些？ ·········· 135

131. 草莓病毒病有哪些危害？如何预防？ ·········· 137

132. 怎样有效防治白粉病？ ····················· 139

133. 如何正确应用高温闷棚法防治草莓白粉病？ ······ 141

134. 如何利用硫黄熏蒸防治草莓白粉病？ ·········· 141

135. 怎样有效防治草莓灰霉病？ ················· 142

136. 怎样有效预防草莓苗期炭疽病？ ·············· 144

137. 怎样有效防治根腐病？ ····················· 145

138. 如何鉴别和防治草莓黄萎病？ ··············· 146

139. 如何鉴别和防治细菌性角斑病？ ·············· 148

140. 如何鉴别和防治草莓叶斑病？ …………………… 149

141. 如何鉴别和防治草莓跗线螨的危害？ ………… 150

142. 如何鉴别和防控草莓二斑叶螨？ ……………… 151

143. 如何鉴别和防控草莓朱砂叶螨？ ……………… 152

144. 如何释放智利小植绥螨防治叶螨？ …………… 153

145. 如何贮存与释放加州新小绥螨？ ……………… 154

146. 什么时候释放加州新小绥螨效果最好，如何做到
　　　预防性释放？ …………………………………… 154

147. 如果已经发现红蜘蛛，应该如何释放
　　　加州新小绥螨？ ………………………………… 155

148. 用过农药后，多久可以释放加州新小绥螨？ ……… 156

149. 释放加州新小绥螨后，防治其他病虫害时禁用的
　　　药剂有哪些？ …………………………………… 156

150. 释放加州新小绥螨后，防治其他病虫害时哪些
　　　农药可以使用？ ………………………………… 157

151. 斜纹夜蛾如何危害草莓种苗，怎样防治？ ……… 159

152. 如何鉴别和防治蓟马？ ………………………… 159

153. 如何防治蚜虫危害？ …………………………… 161

154. 怎样防治蛞蝓与蜗牛危害？ …………………… 162

155. 如何防治金针虫危害？ ………………………… 163

156. 如何防治蛴螬危害？ …………………………… 164

157. 如何鉴别和防治草莓根结线虫的危害？ ……… 165

158. 发生药害了怎么办？ …………………………… 166

参考文献 …………………………………………………… 168

视频目录
VIDEO CONTENTS

日本草莓品种——章姬 ………………………………… 22

韩国品种——圣诞红 …………………………………… 23

扦插育苗 ………………………………………………… 34

草莓育苗中的压苗 ……………………………………… 44

去除无效花序 …………………………………………… 84

摘无效果枝 ……………………………………………… 84

草莓缺铁 ………………………………………………… 92

危害草莓的红蜘蛛种类 ……………………………… 151

育苗期间草莓红蜘蛛的鉴别 ………………………… 151

一、概　　论

1. 草莓的营养、保健与医疗价值有哪些？

草莓属于蔷薇科草莓属多年生常绿草本植物，花多为白色，花托膨大为肉质多汁的浆果，在园艺学上属于浆果类果树。

草莓果实营养丰富，含有果糖、蔗糖、葡萄糖、柠檬酸、苹果酸、水杨酸、胡萝卜素、氨基酸以及钙、磷、铁、钾、锌、铬等矿物质。此外，它还含有丰富的维生素 B_1、维生素 B_2、维生素 C、维生素 PP，尤其是维生素 C 含量非常丰富，每 100 克草莓含有 50～100 毫克维生素 C，比苹果和葡萄中的维生素 C 含量高出 10 倍以上，200 克草莓甚至可以满足 18 岁以上成年人每日维生素 C 推荐摄入量。因此，草莓也被称为"活的维生素丸"。草莓果肉中含有大量的蛋白质、有机酸、果胶等营养物质。草莓是人体必需的纤维素、铁、钾、维生素 C 和黄酮类等成分的重要来源。草莓的营养成分含量因品种、种植季节、果实成熟度等而有所不同。

经北京市农林科学院林业果树研究所研究测定，草莓的叶片也富含维生素 C 和鞣花酸。不论是茎尖、嫩叶，还是老叶，各叶龄叶片中维生素 C 含量都很高，每 100 克叶片含维生素 C 100～169.8 毫克、游离鞣花酸 6.59～66.52 毫克。

草莓具有补血益气、润肺生津、提神醒脑、促消化、美容护肤、减脂减肥、明目养肝和清除代谢产物的保健功能。特别是草莓中的维生素 C 可阻断人体内强致癌物质亚硝胺的生成，能破坏癌细胞增生时产生的特异酶，使"癌变"的细胞逆转为正常的细胞。草莓所含的鞣酸，能有效地保护人体组织不受致癌物质的侵害，从而在一定程度上减少癌症的发生。草莓中富含一种抗氧化成分，这种成分可抑制食道癌的癌前病变，能防癌抗癌，在放疗和化疗时或之后食用草莓，可增加口腔润湿起到润肺止咳的作用，缓解治疗期症状。草莓所含花青素属黄酮类的一种，因此使草莓呈红色。

2. 如何发挥草莓的文化休闲功能？

草莓优质的果品特性，赋予其特有的文化休闲价值。

草莓果实色泽艳丽、柔软多汁、酸甜爽口、香味浓郁、营养丰富，深受广大消费者喜爱，被人们视为果中珍品。草莓与其他果树相比，具有生长周期短、见效快、种植效益高等特点，其成熟期为12月至次年5月，正值鲜果上市淡季，填补了元旦、春节等重大节日缺少鲜果的空白。此外，草莓果期跨越了多个节日，非常适宜观光休闲采摘，符合现代高效农业发展方向，因此，草莓有非常大的发展潜力和市场空间，已成为元旦、春节期间的畅销果品。各地积极发展草莓文化节、草莓音乐节、草莓采摘节，将草莓与健康时尚相结合，宣传草莓文化，带动当地旅游业发展。

以中国草莓生产示范基地——北京市昌平区为例，"昌平草莓"被誉为"龙脉鲜果"，获得"国家地理标志产品"称号，在草莓产业的发展上已经达到领先国内、接轨国际的水平。形成了以草莓生产为中心的"草莓产业链"和"草莓文化"。以"草莓经济"为中心，成功整合了以草莓观光采摘为代表的休闲旅游产业链。积极利用草莓种植传统优势发展休闲农业，突破单一种植、销售草莓的模式，将草莓生产与休闲度假、观光旅游等有机结合，通过开展形式多样的草莓采摘活动，大力发展草莓休闲农业，加快传统农业向现代农业、品牌农业转变。

在创建品牌的同时，昌平区积极拓宽"昌平草莓"的知名度，通过举办草莓文化节、草莓采摘风情游、草莓采摘自由行等大型活动，提高消费者对"昌平草莓"的认知度；通过报纸、电视网络等媒体，提升品牌影响力；通过公交车身广告等多种载体的广告，将更多的市民吸引到昌平。多次举办农业嘉年华活动，2013—2017年农业嘉年华累计接待游客达589.5万人次，带动周边地区草莓园接待游客1 280余万人次，实现草莓销售收入达8.294亿元，实现周边延寿、兴寿、小汤山、崔村、百善、南邵等镇的民俗旅游收入共计5亿多元。

与此同时，建设设施草莓走廊，重点发展精品草莓种植、加工、配送、休闲观光等相关产业，形成沿线草莓种植观光带。引进推广配套温室草莓立体栽培新技术，充分增加趣味性与受众的参与性，推动了京郊休闲农业的发展提升。形成以草莓专业合作社为依托的草莓采摘农业观光园区，兼有塘边垂钓、山林野炊、园艺习作等具有农业特色的参与性活动项目，将设施高效运作和便于观光、游憩、体验、认知等有机结合，将科技农业、科普教育、生产设施、农业展示空间、休闲绿地有效组合、合理布局，充分满足游人享受采摘乐趣、品尝鲜美果味、领略草莓风情、体验草莓文化和观光休闲游览的需求。

二、草莓的生理特征

3. 草莓的根系有哪些特征和需求？

草莓根系由着生在新茎和根状茎上的不定根组成，属于须根系，对草莓的生长起决定性作用。

草莓根系分布在土壤表层，绝大部分分布在 20 厘米以上的地表层，10 厘米左右的土层中分布最多。根系分布深度与品种、栽植密度、土壤质地、耕作层、温度和湿度等因素有关。在密植、耕作层深、土壤疏松时，根系分布较深。新发出的不定根为乳白色。随着时间增长逐渐老化变为浅黄色以至暗褐色，最后变为黑色而死亡。然后上部茎又产生新的根。

受环境条件（主要是土壤温度）、植株营养等条件的影响，草莓植株根系一年内有两次或三次生长高峰。早春，当 10 厘米深土层温度稳定在 1～2℃时，根系开始活动，比地上部开始生长早 10 天左右。开始生长时以上年秋季发生的白色未老化根的继续延长为主，新根发生较少。之后随着气温上升，植株生长加强。进入开花结果阶段，根系生长出现第一次高峰。随着植株开花和幼果膨大，需要大量营养，根系生长逐渐缓慢。果实采收后，根系生长进入第二次高峰，此时以发生新根为主。秋季至越冬前，由于叶片制造的养分大量回流运转到根系，根系生长出现第三次高峰。有的地区，年周期中，根系只有两次生长高峰，分别在 4～6 月和 9～10 月。7～8 月期间，由于地温高，根系生长缓慢。到深秋气温下降，生长逐渐减弱，根系结束生长比地上部晚。9月初，草莓根系生长最为旺盛，白根很多，作为秋冬季促成栽培的生产苗，起苗时要尽可能保护根系。

由于草莓是浅根性植物，因此对环境条件的要求比较敏感。草莓根系生长的临界温度是2℃，此时根系开始活动。在−8℃时会受冻害，−12℃时会被冻死。生长最适温度为17～18℃，30℃以上根系老化加速。草莓的根系入土浅，不耐旱，为了解决需水量大、根系浅而少的矛盾，就必须"少量多次"浇水，始终保持土壤湿润。

土壤表层结构和质地好坏，对草莓生长有直接的影响，一般以保水、排水、通气性良好、富含有机质的肥沃土壤为宜。草莓喜微酸性土壤，以pH 5.5～6.0为宜。在草莓生长过程中，随着茎的生长，新根的发生部位逐渐上移。如果根暴露在空气中，则不能发生新根，即便发生也在到达地表之前干枯。但若及时培土保温，可促进新根的萌发和生长。

4. 根系出现早衰，如何护根？

草莓促成栽培中，草莓挂果之后，特别到2月中下旬，如果草莓新生叶片变小，呈深绿色，且叶片展开需要较长时间，说明根系开始出现早衰。为了稳定和提升草莓的品质，促进植株健壮生长，需要减少植株地上部分的负担，促进根系的生长。

（1）保持土壤温度。 保持土壤温度不低于13℃，注意灌溉水的温度、灌溉的时间和灌溉量。土壤温度过低、湿度过大，均不利于根系的生长。

（2）植株调整。 摘除老叶、病叶、侧芽和摘果之后留下的果柄，适当地疏花疏果，减少植株负担。

（3）施肥养根。 滴灌追施氮磷钾水溶性肥料2.5～5千克/亩[①]，

---

① 亩为非法定计量单位，1亩＝667米²。——编者注

7～10天一次。减少氮肥用量。配合使用腐殖酸、海藻酸类肥料，一般7～10天使用一次，也可额外增加使用一次水溶性生根剂，促进根系生长。一般选择晴天上午10时以后进行灌溉施肥。

5. 草莓的茎有哪些特征？如何促生匍匐茎？

草莓的茎分为新茎、根状茎和匍匐茎3种类型。新茎和根状茎为短缩茎。

（1）新茎。当年萌发长有叶片的茎称新茎，是由幼苗生长点在不断分化叶片的同时，进行营养生长形成的。一年生草莓当年可产生1～3个新茎，二年生可产生2～5个，三年生可产生5～7个。新茎上密生叶片，着生叶片的地方为节，节间极短。新茎加长生长极缓慢，一年仅能生长0.5～2厘米；加粗生长很快，呈短缩状态。新茎基部周围紧密轮生不定根。

新茎每个叶腋处都有腋芽。有的腋芽抽生匍匐茎，有的腋芽不萌发呈潜伏状态，有的腋芽分生新茎。新茎的多少与品种特性有关，少者几个，多者几十个，随株龄增加新茎数量也相应增加。同一品种随年龄的增长新茎数逐渐增多。分生的新茎基部发生不定根，把这样的新茎切离母体可繁殖成新植株。

（2）根状茎。根状茎为草莓多年生（两年以上）短缩茎。新茎生长进入第二年以后，由白色变为黄褐色。其上叶片全部枯死脱落，茎木质化，外形很像树根。根状茎是一种具有节和年轮的地下茎，具有贮藏营养的功能。根状茎的腋芽分生新茎。根状茎越粗产量越高。根状茎在生长的第三年逐渐老化死亡，从下部逐渐向上枯死，其上的根系也逐渐死亡。因此，根状茎越老，地上部的生长也就越衰退，所以最多结果三年就必须更换种苗。

（3）匍匐茎。由短缩茎的腋芽萌发而形成的沿地面匍匐生长的地上茎为匍匐茎，又叫走茎或蔓，是草莓的营养繁殖器官。匍匐茎刚发生时，先向上生长，当长到超过叶面高度时，垂向地面空间匍匐生长。

匍匐茎很细，并具有很长的节间，第一节腋芽保持休眠状态；第二节生长点分化出叶原基并能萌发；在第三片叶显露之前，开始形成不定根，扎入土中形成匍匐茎苗。匍匐茎苗的形成是在匍匐茎上的 2、4、6、8 偶数节上形成匍匐茎苗。每条匍匐茎可长出匍匐茎苗 3～5 个。

匍匐茎的发生始于坐果期，结果后期大量发生。早熟品种发生早，晚熟品种发生晚。发生时期的早晚还与日照条件、低温时间及栽培形式有关。日照时数 12～16 小时，温度 17～30℃，有利于匍匐茎的发生。草莓母株冬季休眠所需低温量得到满足时，匍匐茎发生早且生长旺盛，反之，发生晚而少，甚至不发生。在北方种苗生产中，秋季定植母株产生的生产苗的数量较春季定植母株产生的生产苗的数量可提高 80%。促成栽培一般在草莓开花坐果前和果实采收后大量发生，半促成栽培和露地栽培一般在果实开始成熟时发生。

匍匐茎抽生能力、发生多少与品种、昼长、温度、低温时数、肥水条件、栽培形式等有关，休眠期短的品种、植株健壮、营养条件好的植株发生较多。一般一株能繁 30～50 株匍匐茎苗，肥水条件好、空间大时能繁出几百株，但一般情况下每株能繁出生产用苗 20～30 株。

草莓种苗繁育过程中，要尽早摘除花序，特别是在种苗繁育的早期，母株缓苗正常生长之后。在草莓的生理特性中，草莓匍匐茎本来与花序是同源的，花蕾的生长消耗母株的营养而影响到草莓种苗的产量。根据生产调查显示，摘除花序与不摘除花序中匍匐茎的数量具有极显著差异。摘除花序后匍匐茎的平均发生数量比不摘除花序的增加了 2.1 倍。花序数量为 0 时，即摘除花序时单株匍匐茎的平均数量最高；着生 1 个花序时，匍匐茎数量下降 31.5%，而着生 2～7 个花序时，匍匐茎数量下降 70.8%～91.3%。摘除花序的工作应该以摘除花蕾为最好，尽早摘除，可以减少营养的消耗，促进匍匐茎的抽生。

日本草莓栽培者的经验显示，草莓育苗需缓和、持久的肥效，豆饼应属首选。豆饼肥效缓和而持久，慢慢地发挥效用，配合水溶肥一起使用，可以促进匍匐茎不断抽生。在浇水时，在 100 升水中加入 3 千克硫酸镁，从匍匐茎抽生最旺季节 5 月末开始，1 个月追施 2 次硫酸镁溶液，植株吸收镁后可改善吸收钙的能力，减少因为植株缺钙而出现的梢焦现象，提升匍匐茎苗的品质。

有研究结果显示，草莓种苗定植 1 个月后，相隔 15 天连续两次喷施 50 毫克/升赤霉素（GA_3），可显著增加草莓匍匐茎数量及成活子苗数。

6. 草莓的叶有什么特征？

草莓叶片为三出复叶，由一个细长叶柄和三片小叶构成。两边小叶对称，中间叶形状规则，呈圆形至长椭圆形或菱形。颜色由黄绿至蓝绿色。叶缘有锯齿，叶片背面密被茸毛，上表面也有少量茸毛，质地平滑或粗糙。

草莓叶自短缩茎上发出，叶序为 2/5，第一片叶与第六片叶重叠。发出后随着叶梗伸长而迅速展开，并逐渐增大。气温 20℃时，两个连续叶片发生的间隔时间为 8～10 天或 10～12 天，叶的寿命 80～130 天，一株草莓一年发生 20～30 片叶。新叶展开后的第 30 天面积达到最大、叶片最厚、叶绿素含量最高，此后呈下降趋势。草莓早春发生的叶来自上一年秋冬季节形成的叶原基。一般成熟的植株每株可在秋冬季形成 7～8 个叶原基，至春季展开。一般生长期的叶片叶身长为 7～8 厘米，叶柄长 10～20 厘米。春季发出的新叶较小；夏初发出的叶较大，为标准叶；

采收后旺盛生长时发出的叶较夏初发出的叶稍小；秋季发出的叶较小，但可越冬，如果在草莓越冬时采取有效的防寒措施保护好越冬叶片，对草莓的开花结果有较好的促进作用。

叶片通过光合作用制造养分，是草莓最主要的营养器官。新叶形成后的第 40～60 天，同时第 4～6 片叶同化能力最强，制造的养分最多。制造有机物质供植株生长发育，提高产量。叶片不断长出，同时也相继死亡，生产过程中，要定期摘去老叶、病叶、黄化叶。

7. 草莓的花有什么特征？

草莓栽培品种绝大部分为完全花。一朵花通常具有 5 片萼片、5 片副萼和 5 个花瓣。雄蕊数是 5 的倍数，一般为 20～35 个。雌蕊呈规则的螺旋状生长在花托上，数量与花的大小有关，通常为 200～400 个。

花序为聚伞花序，每个花序上可着生 7～15 朵花，多者可达30 余朵。各个小花在花序上着生的级次不同，开花有早有晚。在花序的主花柄上着生 1 朵一级花，一级花下面 2 个苞片处生出2 朵二级花，在 2 朵二级花 2 个苞片处各自生出 2 朵，共 4 朵三级花，如此继续分生下去。一级花最大，开花结果也最早、最大。最小的高级次花不断开放，称为无效花，由于开花结果过小，无采收价值，所结果也叫无效果。因此，在草莓现蕾以后，各小花分离时，及早疏去晚开的高级次花蕾，可节约养分，促进大果均匀生长，还可防止植株早衰。一株草莓一般抽生 2～3 个花序，每个花序保留最大的一至三级花即可。

8. 草莓是怎样进行花芽分化的？

草莓的花芽和叶芽起源于同一分生组织。具有茎雏形，萌发后向上长出叶片和延伸新茎的芽称为叶芽；包含有花器官，萌发后开花的芽叫花芽。草莓的花芽内不仅有花器官，还具有新茎雏形，萌发后在新茎上抽生花序，开花结果，称为混合花芽。

花芽分化是指在叶芽的基础上，由叶芽的生理状态和形态转为花芽的生理状态和形态的过程。花芽分化过程经过生理分化、形态分化和性细胞形成三个时期。花芽形态分化是先出现花序，然后每朵花由外到内依次分化各部分。花芽分化开始前生长点呈平坦状态，之后生长点开始肥大、隆起，呈圆顶状，达到肥大期的花芽再不能逆转为营养生长，因此，有些学者认为生长点肥大期为花芽分化期。生长点迅速膨大，发生分离，出现明显的突起，进入花序原基分化期，之后依次进入萼片分化期、花瓣分化期、雄蕊分化期、雌蕊分化期和萼片收拢期。

关于花芽分化的机理有五种假说。"激素平衡控制花芽孕育假说"，指出花芽孕育是各种激素在时间、空间上互作产生的综合结果，并提出了花芽孕育所需的条件和激素环境；"激素信号调节假说"，强调激素信号对花芽发端的影响效果，而不是叶片代谢起主要作用；"碳氮比理论假说"，认为植物体内同化糖类与氮化合物的含量比例是决定花芽分化的关键；"养分分配假说"提出不同组织获得营养的差异决定了花芽的形成，当中心分生组织获得的养分较多时，向花芽分化方向发展；"控制成花的网状系统模型假说"指出花的形成受多种途径相互交叉调控，不同的成花诱导条件可以刺激启动不同的成花基因。

9. 草莓花芽分化受哪些因素影响？

草莓花芽分化受内部因素和外部因素两方面的影响。内部因素包括草莓品种特性、营养状况和内源激素等。外部因素包括温度、光照、田间管理和外源激素等。

（1）草莓品种。品种不同，花芽分化所需的温度和日照条件不同，花芽分化早晚也会发生变化。研究表明，与晚熟品种相比，早熟品种在较短的处理时间内花芽即能开始分化，早熟性越强，效果越明显。

（2）草莓植株营养状况。 植物体内营养物质的种类、含量、含量的比例以及物质的代谢方向，都影响花芽分化。花芽分化期，需要充足的碳水化合物（C）和适量的氮素营养（N），C/N值增加，有利于花芽分化；反之，不利于花芽分化。有研究表明，草莓叶柄汁液中硝态氮浓度为 0.03% 时有利于花芽分化，高于 0.03% 时花芽分化推迟；若达到 0.05%～0.10% 时，花芽分化不仅推迟，而且产量也降低。

（3）草莓内源激素。 花芽分化是促进花芽分化的激素和抑制花芽分化的激素相互作用的结果。一般促进生长的激素，包括产生于种子和幼叶的赤霉素和产生于茎尖的生长素，不利于花芽分化；而成熟叶片中产生的脱落酸和根尖中产生的细胞分裂素，能够促进花芽分化。

（4）光周期。 一季性草莓品种光周期少于 14 小时，四季性品种光周期大于 12 小时才能完成花芽分化。日中性品种对光周期不敏感，在光周期分别为 9 小时和 16 小时的条件下，日中性品种几乎分化相同数量的花序。

（5）温度。 草莓花芽分化对温度有严格的要求，主要受平均气温的影响，但最高和最低气温对花芽分化的开始和结束均有抑制作用。花芽分化的临界温度为 5℃，适宜温度为 10～20℃，在适宜的温度范围内，高温延缓分化，低温促进分化；5℃ 以下花芽分化则停止，25℃ 以上花芽分化受到抑制。有研究显示，在草莓花芽分化的适宜温度范围内，日照越短，进入花芽分化的时间越短。30℃ 以上时，无论何种光周期处理，均未见花芽分化。

（6）光照强度。 光照强度虽然能影响草莓的花芽分化，但其对花芽分化的作用比光周期和光质量小得多。光照对草莓第一花序的形成及其花芽分化没有直接作用，而延长光照时间、增加光照强度能明显促进第二花序的形成、花芽分化。

10. 草莓有怎样的结果特性？

草莓单株上的花序数、每个花序的花数、坐果率和果实大小等是影响产量的直接因素。开花坐果的好坏直接与产量相关。

草莓花蕾发育成熟后，在平均温度 10℃ 以上时便开始开花。一个花序上的花朵级次不同，开花顺序也有差异。一级花先开放，然后是二级花开放，再次是三级花开放，级次越高，开花越晚。后期开放的高级次花有开花不结实现象，即使结实也会由于果实过小而失去商品性。在生产实践中，往往根据实际情况进行花序掐尖，使留下的花朵坐果好，果实大。

一般开放的草莓单花可持续 3～4 天，此时授粉受精。当花药中花粉散光后花瓣开始脱落。

授粉受精与坐果关系密切。一朵花的花粉量大约为 1.2 毫克。开药散粉时间一般为午前 9 时至午后 5 时。受精时间主要是在开花后 2～3 天，环境条件对授粉受精影响很大。

受精后子房迅速发育，然后形成"种子"。子房全部受精后整个花托肥大形成肉质多液的果实，园艺学上叫作浆果。开花到受精后 15 天，果实增大比较缓慢，此后 10 天果实急速增大，每天大约可增加 2 克，其后果实增大缓慢，直至停止。

草莓果实由花托膨大发育而成的浆果。其形状、颜色、大小等因品种而异，也受到栽培条件的影响。果实的形状大致有圆锥形、长圆锥形、短圆锥形、圆球形、扁圆球形、楔形、双圆锥形、圆柱形、卵形和带果颈形。果面的颜色有紫红色、深红色、红色、橙红色、暗红色和白色等。果肉的颜色为深红色、红色、橙红色、橙黄色和白色。果实大小依花朵级次升高而递减，即一级果序大，一般四级以上果序商品价值不大。以一级果为 100 的话，二级果为 80，三级果为 47。果实大小与品种有关，以花序一级果为准，从 3～60 克不等，一般为 10～25 克。种子嵌入果面的深浅不同，一般分为平于、凹于和凸于果面三种。种子的存在是草莓果实膨大的重要内因，草莓果实的大小与种子的数目成正比，种子数目越多，果实越大。

11. 草莓为什么会休眠，休眠时有哪些生理特征？

晚秋初冬之后，随着日照时间逐渐变短，外界温度不断下降，草莓开始进入休眠状态，新叶叶柄变短，叶面积变小；叶片着生角度开张，由原来的直立、斜生状态变为与地面平行、贴地面生长；整个植株矮化；不再发生匍匐茎；但叶片仍保持绿色，不脱落。草莓的休眠是植株对外界环境的一种适应性反应，以此方式越冬。在北方冬季，通过覆盖等保护措施，草莓可顺利越冬，春天继续生长。

草莓的休眠包括两个阶段，自然休眠和被迫休眠。自然休眠是草莓本身的生理特性决定的，要求一定的低温条件才能顺利通过。如果不满足植株对低温的积累，即使处于合适的生长发育条件下，也不能正常生长发育。被迫休眠是指草莓在通过自然休眠后，由于环境条件不适合而引起的休眠状态。此时，只要给予适当条件，草莓即可正常生长发育。

草莓休眠程度的深浅，在不同品种之间存在差异。休眠的深浅通常以植株通过自然休眠所需 5℃以下低温的积累量来衡量，要求低温时间长的品种为深休眠品种，要求低温时间短的品种为浅休眠品种，介于两者之间的品种为中间类型。同一品种在不同地区进入自然休眠和解除被迫休眠的时期不同。

了解草莓休眠的生理特征和各品种休眠程度的深浅对于指导生产具有非常重要的意义。针对不同草莓栽培方式选择不同的品种。促成栽培需选用浅休眠品种，早开花、早结果、早上市，获取较高经济效益。半促成栽培则可选用休眠期相对较长的品种，在草莓植株通过自然休眠而进入被迫休眠时，给予适当条件，打破休眠，使草莓正常生长。

12. 草莓休眠受哪些因素影响？

影响草莓休眠的因素来自内外两方面，外界条件包括日照长度和温度，内部条件主要指内源生长物质，如赤霉素、脱落酸等激素。

（1）**日照长度、温度。**低温、短日照条件下，草莓匍匐茎发生量少，长日照、高温条件下，匍匐茎发生量多，其中，日照长度对匍匐茎发生的影响比温度的影响大。由此可知，草莓的休眠因自然日照长度缩短才开始，温度的影响小于日照长度的影响。在短日照条件下，即使在21℃温度环境下，植株仍会进入休眠；反之，在长日照条件下，即使在15℃的低温环境下，仍很难引起植株休眠。

（2）**内源生长物质。**在花芽分化后，为适应环境条件，草莓植株体内会发生一系列的生理变化，赤霉素等生长促进物质减少，而脱落酸等生长抑制物质增多，植株随即开始进入休眠。

13. 如何打破草莓休眠？

低温、短日照是引起草莓植株休眠的主要因素。如果给予高温、长日照或赤霉素处理，可以使植株不进入休眠状态，正常生长。同样，如果植株已经进入休眠，还可以通过一定的技术措施打破休眠。

（1）**植株冷藏。**植株冷藏是人为地给予低温，促进打破其自然休眠的方法。自然条件下，要打破休眠的有效低温为-2～10℃，但适宜温度为2～6℃。当温度在-3℃以下时，会造成低温伤害，3℃以上又会引起现蕾、展叶。因此，植株冷藏温度以1～2℃为宜。

（2）增加光照时数。 增加光照时数也可抑制草莓进入休眠。12月中下旬，草莓植株在经过一定程度低温后，人为给予16小时的长日照，以补充自然光源的不足，既可有效打破休眠，又可促进植株生长，增加产量。

（3）适时保温。 在促成栽培中，棚室覆膜保温的时间非常关键。根据品种的特性适时保温，可有效阻止植株进入休眠，达到早采收、多采收的目的。而保温过晚，草莓则会进入休眠。北方生产中，保温适宜时期控制在10月中下旬，当外界气温降至8℃时覆膜保温。

（4）喷施赤霉素。 赤霉素具有与长日照相同的效果。当植株经受一定量的低温之后给予赤霉素处理，能促进叶柄、叶的伸长，但对叶的展开没有影响。赤霉素能调节植株体内的激素水平，从生理上抑制植株进入休眠。对于中等和深度休眠的品种来说，仅靠适时保温或增加光照还不能完全抑制休眠，为了使中等和深度休眠的品种用于促成栽培，通常在适时给予高温、高湿条件的同时，喷施10毫克/升的赤霉素。每株5毫升进行处理，可达到打破休眠的效果；效果不明显的品种，可于7～10天后再喷施1次。赤霉素的作用效果与喷施时的温度密切相关，只有在较高温度条件下效果才能充分体现。通常，喷施后的2～3天内将棚室内温度维持在27～30℃，以后的温度保持在25℃左右是非常必要的，如果能维持较高的夜温，效果会更好。

14. 草莓对温湿度条件有哪些要求？

草莓是适应性强的果树，只要温度条件满足其要求，便可以正常生长和结果。春季温度达到5℃时开始萌芽生长，此时如遇到－7℃的低温会受冻，－10℃时大多数植株死亡。草莓的根系在 10℃时开始生长，15～20℃时进入发根高峰。7～8℃时根系生长减弱。秋季经过多次轻霜和低温（0～5℃）锻炼的植株（叶色变紫），其抗寒力增强，可抗－8℃的低温。草莓地上部生长适宜的温度为 20～26℃。开花期高温（38℃）和低温（0℃）都会影响授粉、受精过程，形成畸形果。开花和结果期的最低温度界限是 5℃，花芽分化必须在 17℃以下的温度进行，同时配合短日照（12 小时以下），但当温度降到 5℃以下时花芽分化停止。草莓开花的临界温度为 11.7℃，适宜温度为 13.8～20.6℃，温度过低，花药不能开散。花粉在 20℃以下、40℃以上发芽不良，适宜温度为 25～27℃。

草莓光合作用随温度升高，光合速率逐渐增大，当温度升至 20～25℃时光合速率达到最大，以后光合速率又逐渐降低。因此草莓光合作用最适温度为 20～25℃。棚室温度对蜜蜂的访花行为有影响，当气温低于 13℃时，蜜蜂会停止飞行活动，32℃以上活动会减弱，访花活动在 20～25℃下盛行。

草莓生长对水分的需求量较大，正常生长期间，土壤相对含水量适宜范围为 70%～85%，果实膨大期 80%～85%，采收期 70%～75%。草莓对空气湿度也有严格要求，一般要求空气湿度在 80%以下为好，最低空气相对湿度为 50%，最适宜为 60%。草莓花药开药的最适合相对湿度为 20%，临界相对湿度为 94%，阴雨天会妨碍开药。草莓在干燥空气中，易发生叶片焦边、卷曲的现象。可以采用开风口排湿、地面喷水、叶面喷雾等方法调节空气相对湿度。

15. 草莓对光照有哪些要求？

草莓是喜光植物，光补偿点为 94.3～188.7 微摩/（米^2·秒），光饱和点为 377.4～566.0 微摩/（米^2·秒），但也能耐轻微的遮阴。在生长发育的不同阶段对光照要求不同，花芽分化期要求 10～15 小时短光照，开花期和旺盛生长期，需要每天 12～15 小时长光照。

研究表明，光照强度影响红颜草莓果实的着色、花青素含量及花青素合成相关基因表达。红颜草莓为光敏感型草莓品种，光照强度可对其成熟果实的着色与花青素含量产生显著影响，随光照强度降低草莓果实积累的花青素含量降低，草莓果实颜色越深色素积累含量越高。75％和 25％透光率下草莓果实合成的花青素含量分别为 100％透光率下的 58.42％和 7.46％。其原因可能是通过转录因子影响花青素合成相关基因的表达来实现，草莓果实花青素合成相关基因和转录因子草莓果实中的表达，均随光照强度的降低而下降。

在 25℃、相对湿度 50％～60％的人工条件下，将章姬、红颊（颜）2 个品种植株放置在特定的光照强度中，研究草莓光饱和点和补偿点区间内光强的改变对果实主要品质的影响。结果表明：光照强度的改变可显著影响总糖、维生素 C、果胶含量，对单果重、硬度、可溶性固形物含量、含酸量没有显著影响，提高草莓果实综合品质的适宜光强为 339.6～452.8 微摩/（米²·秒）；不同品种对光强改变的反应稍有不同，红颜品质受光强影响较章姬大。

光周期对草莓生长发育、光合特性和果实营养品质有显著影响。以 LED 灯作为光源，以 8 小时/天、12 小时/天、16 小时/天和 20 小时/天的四个不同光周期处理妙香 7 号草莓，结果表明：适当延长光周期可以有效促进草莓植株营养生长，提高草莓叶片的光合作用和色素含量，有利于促进草莓生长发育和果实品质的形成。光照 16 小时/天处理下综合效果最好。同时，不同光质对草莓光合特性、植株物质分配、果实产量和品质均有影响。

种植过密或园地附近有大树遮阴时，由于光照不充足，叶片易呈淡绿色或变成黄色，花朵变小或不能开放，造成果实小、味道偏酸、着色和成熟慢，果表淡红色或白色，品质变差，延迟成熟期。因此在生产实践中应选光照条件好的地方，在光线不足的情况下需人工补光以获得较好的果实品质。

16. 草莓对土壤条件有哪些要求?

草莓喜疏松、肥沃、透水通气良好的土壤，有机质在1.5%以上，pH以5.5～6.5为宜。表土层（30厘米深）土壤肥沃的地方都可以种草莓。草莓适应性强，可在各种土壤生长，但高产栽培以肥沃、疏松、通气良好的沙壤土为好。草莓根系浅，表层土壤对草莓的生长影响极大。沙壤土，保肥保水能力较强，通气状况良好，温度变化小。黏土地、沼泽地、盐碱地不适合栽植草莓。草莓适宜在中性或微酸性的土壤中生长，地下水位要求在1米以下。不适合种植草莓的土壤可以通过调酸、提高有机质含量等措施进行改良后，再种植草莓。也可以采用高架基质栽培，在不适合的地块上方，利用基质进行栽培。

三、草莓品种

17. 如何选择适宜的品种？

适宜的品种选择，首先要确定种植地点、种植模式和销售方式，掌握当地温湿度、光照条件和市场销售空间，然后深入了解各品种的特性，再进行选择。草莓的品种特性主要侧重于具有经济价值方面的生物学性状，包括物候期、果实经济性状、丰产性、稳定性、抗病虫能力和抗逆性等。草莓果实的经济性状，包括果形、果实大小、整齐度、光洁度、颜色深浅、种子分布状况和髓心大小等外观性状以及果实硬度、可溶性固形物含量、糖酸比和维生素C含量、果肉质地、果汁色泽深浅、口感、香味和风味等品质性状。草莓品种很多，特性各不相同，选择适宜的品种很重要。

（1）**种植地点**。首先了解种植当地的气候条件和设施条件，选择适宜品种。北方地区气候寒冷，可以选择寒地型品种，休眠深，打破休眠一般需要5℃以下1 000小时以上的积温。如果是设施栽培可以选择暖地型品种，休眠浅，打破休眠需要5℃以下50~150小时的积温；或者中间型品种，休眠较深，打破休眠需要5℃以下200~750小时的积温。南方地区气候温暖湿润，最好选择暖地型品种。

（2）**种植模式**。种植模式有4种，分别是露地栽培、促成栽培、半促成栽培和抑制栽培。在北方，露地栽培应选择寒地型品种或中间型品种，而暖地型品种不适合露地栽培，否则，容易因为低温过量而造成徒长，造成减产。促成栽培要求草莓早熟，一般要求品种休眠浅、耐寒性强，在低温条件下开花多，果型大而整齐，丰产稳产，果实品质好。半促成栽培一般选择休眠较深、低温需求量较多的品种，南方地区，应选择对低温需求量较少的浅休眠品种，因为休眠深的品种，在冬季温暖的南方，难以满足其对低温的需求量，在自然条件下很难打破其休眠。促成栽培的品种也适用于半促成栽培，而半促成栽培的品种并非都适用于促成栽培。抑制栽培应选择休眠期较长、耐冻性强、果实大、品种优良的品种。

目前，家庭园艺发展迅速，盆栽草莓走进了众多的家庭。利用花盆栽植草莓既可以品尝到自己的劳动成果——美味的草莓，又可以作为花卉来观赏。适合盆栽的草莓通常选用四季结果型草莓，虽然果较小，产量较低，但一年之内多次开花结果，可以在较长时间内保持观赏价值。盆栽草莓还应该选择株型紧凑、叶柄较短、叶片较多、花序较多的品种。红花草莓是不错的选择。

(3) 销售方式。销售方式分为采摘、礼品、批发、电商等多种销售方式。以采摘为主要销售方式的，品种要求果个大、外形美观、颜色鲜艳、有光泽、口感好；同时，可以考虑在果形、颜色和口感上选择不同的品种进行种植，以增加采摘品种，吸引观光采摘者，并可提高特色品种的采摘价格以增加效益。比如在种植时，以圆锥形、鲜红色的草莓为主栽品种，搭配短圆锥形、球形或长圆锥形，白色、粉红色或橙红色品种，也可以以香甜口感的品种搭配酸甜口感的品种。以礼品销售的草莓，选择果个大、整齐度高、外形美观、颜色鲜艳、光泽度强、口感好的品种；也可以通过疏花疏果等措施达到礼品销售的要求。以批发为主要销售方式的草莓，应选择丰产性好、抗病性强、硬度高、耐贮运、货架期长的品种。网络销售的草莓，应在了解各区域客户对草莓的需求后，选择相适应的品种和适宜的种植方式。同时电商平台还会对包装有所要求，包装也影响草莓的大小和形状的选择，依据要求可以选择品种或种植管理方法。

（4）**食用方式**。食用方式包括鲜食和加工两种类型。种植鲜食型品种，应选择适合当地消费人群口味的品种，包括果实肉质、口感、香味和风味要求。我国消费者偏重酸甜适口、肉质细腻、风味浓郁的品种，同时鲜食品种的外观也很重要，外形美观、颜色鲜艳、光泽度强的品种受消费者欢迎。

种植加工型品种，一要适合当地的自然生态条件，实现丰产；二要满足加工产品对原料加工性状的特殊要求，因此，加工用草莓除了具有一般草莓的优良性状外，还应该具有优良的加工性状，比如颜色深红、糖酸度大、质地致密、硬度较大和耐贮运等。具体来说，不同加工产品所要求的草莓性状也不同。用来制作果脯的草莓品种，应具有果实色泽深红、质地致密、汁液较少、硬度较大、果形完整、有韧性、耐煮制的特点；用来加工罐头的草莓，应具有果色深红、果形完整、硬度较大、种子少而小、大小均匀和香味浓郁的特点；用来制果酱的草莓，应具有果胶、果酸含量高、果个大、果肉软、风味酸、萼片易剔除和可溶性固形物含量 8％左右的特点；用来加工果汁和果酒用的草莓，应具有可溶性固形物含量和果酸含量高、色泽深红、耐贮运、充分成熟和没有病虫污染的特点。

18. 草莓的优良品种有哪些？

草莓栽培历史悠久，草莓品种也随着栽培方式、生产用途、人们喜好等更加丰富和细化。有适合促成栽培的品种红颜、章姬、圣诞红、香野、甜查理、佐贺清香、京桃香、越心、艳丽、丰香等，有适合半促成栽培的蒙特瑞、阿尔比、圣安德瑞斯等，有适合露地种植的石莓 7 号、石莓 8 号、哈尼、森嘎拉，还有果肉为白色的白雪公主、小白草莓、桃薰，花为红色的粉佳人、俏佳人等特色品种。不同的品种在生物特性和栽培管理上有所差异，生产者应当根据自己的生产定位和目标选择搭配品种。

19. 红颜品种有哪些特点？

红颜是日本静冈县农业试验场研究人员以母本章姬与父本幸香杂交育成，后被引入我国（彩图1）。

红颜植株高大清秀，生长势强，叶柄粗长，叶片大而厚，叶色淡绿；匍匐茎抽生能力较弱；花穗大，花茎粗壮直立，花茎数量和花量较少。果实呈长圆锥形，具有光泽，外形美观；果面和内部均呈鲜红色，着色一致，果实内部基本无空洞，肉质细腻，味香浓，甜度大，口感好。果型大，最大单果重100克左右，一级果序平均单果重35克左右，可溶性固形物平均含量达14%。果实硬度适中，耐储运。在冬季低温条件下连续结果性好，适合日光温室促成栽培。但耐热、耐湿能力弱，对炭疽病、白粉病抵抗能力弱，需要格外注意对这两种病害的防治。

20. 章姬品种有哪些特点？

章姬是日本静冈县民间育种家荻原章弘用久能早生母本与女峰父本杂交育成，后被引入我国，主要用于日光温室与塑料大棚促成栽培。

日本草莓品种
——章姬

植株高大、株型直立，平均株高25厘米左右；叶片呈长圆形，叶片较大、但数量较少，叶色浓绿有光泽；匍匐茎抽生能力较强；花序长、成花多，连续结果能力强。果实呈长锥形或长纺锤形，鲜红色，端正美观；果实柔软多汁，味道浓甜，香气浓郁，口感极佳；果型大，最大单果重130克，一级果序平均单果重40克左右，可溶性固形物含量11%～14%，是一个极其适合都市农业生产的优良品种。该品种较耐白粉病与灰霉病，但是果实偏软、货架期短、不耐储运。

21. 甜查理品种有哪些特点？

甜查理，欧美品种。美国佛罗里达大学研究人员以 FL80 - 456 为母本与派扎罗为父本杂交育成，是北京地区最早种植的草莓品种之一。植株生长势强，株型直立；叶片近圆形、较厚、色绿；果实圆锥形，果个大，果皮色泽鲜红，光泽好，果肉橙色，髓心较小而稍空；口感酸甜脆爽，香气浓郁，含糖量高，但糖酸比较高；一级果序平均单果重 50 克，最大单果重 83 克；植株抗病性强、管理容易，果实硬度高，耐储运，产量高。

22. 圣诞红品种有哪些特点？

韩国品种。由莓香和雪香杂交育成的短日照早熟品种，获中国植物新品种保护。

韩国品种
——圣诞红

该品种株型直立，株高 19 厘米。叶面平展而尖向下，叶厚中等；横径 8.6 厘米，纵径 7.3 厘米，黄绿色有光泽；叶片形状椭圆形，叶片边缘锯齿钝，叶片质地革质平滑；无叶耳。叶柄紫红色。花序平或高于叶面，直生。两性花，白色花瓣 5～8 枚，花瓣圆形且相接。果实表面平整，光泽强，果面颜色红色。80% 果实为圆锥形，10% 果实为楔形，10% 果实为卵圆形。一、二级果序平均单果重 35.8 克，最大果重 64.5 克。畸形果少，商品果比例大。萼下着色中等，宿萼反卷，绿色，萼心凹，除萼易，种子微凸果面，颜色黄绿兼有，密度中等。果肉橙红，髓心白色，无空洞。果肉细，质地绵，风味甜，可溶性固形物含量 13.1%，果实硬度强于红颜，耐贮性中等。耐寒性强，耐旱性较强，对白粉病和灰霉病的抗性均较强，对炭疽病中抗。适合日光温室促成栽培。

23. 香野品种有哪些特点？

香野是日本三重县农业研究所从优系杂交选出的品种（彩图2）。该品种属于极早熟品种，比章姬早熟。花芽容易分化，连续出花能力强，产量较高。植株直立，长势极强，长势旺，花梗长，需要高畦栽种。果实个大，呈微扁平长圆锥形，果柄较长。果色从淡红到鲜红，果肉呈乳白色。果实多汁，味甜，酸味较小，整体口味清淡。陕西关中地区草莓品种引进试验中，可溶性固形物含量 14.5%，糖酸比高达 27.5。对炭疽病和白粉病抗性较强，要注意红蜘蛛和灰霉病的防控。

24. 越心品种有哪些特点？

草莓新品种越心，是浙江省农业科学院园艺研究所选育品种。早熟，生长势中强，植株直立，平均株高 20.3 厘米，冠径适中平均为 38.4 厘米。一般抽生 2～3 个侧枝。叶片绿色、椭圆形，叶长 8.6 厘米，叶宽 7.7 厘米，叶柄长 16.2 厘米。第一花序平均花数 14.0 朵，花序梗长 23.0 厘米。果实短圆锥形或球形，顶果平均重约 35 克，果面平整、浅红色、光泽强、风味香甜、可溶性固形物含量达到 12.2%，果实平均硬度 292.8 克/厘米^2。中抗草莓炭疽病、灰霉病和蚜虫。较耐低温弱光，适宜在冷凉地区、雾霾天气和连阴天条件下生长。花序连续抽生能力强，易坐果，畸形果少，丰产性好。

25. 小白草莓品种有哪些特点？

小白草莓为北京市农业技术推广站、密云区农业技术推广站和北京奥仪凯源蔬菜种植专业合作社共同选育品种。2014 年通过北京市种子管理站鉴定。由红颜组培苗变异株选育而成。植株生长势较强，叶色淡绿。果实成熟比红颜提前 6 天左右。果实圆锥形，表皮呈粉白色，具有光泽，一级果序平均单果重 41.2 克，果肉乳白色，肉质细腻，可溶性固形物含量 13.8%，香味浓，口感好。耐低温弱光，丰产性好。适于北京地区日光温室促成栽培（彩图 3）。

26. 红玉品种有哪些特点？

红玉由杭州市农业科学研究院用红颜与 2008－2－20（甜查理与红颜的杂交后代）杂交选育而成。果实长圆锥形，硬度高，可溶性固形物含量高，风味浓郁。植株长势中庸，不易徒长。中抗炭疽病，耐灰霉病，白粉病抗性与红颜相仿。10 月下旬开花，11 月下旬至 12 月初果实成熟（浙江地区）。低温寡照下坐果率高，较少畸形果。花序连续抽生能力强，丰产性好，在浙江地区亩产量约 2 000 千克。根系生长量少于红颜，宜薄肥勤施。对土壤盐分敏感，易导致果实萼片干枯。

27. 黔莓二号品种有哪些特点？

黔莓二号为贵州省园艺研究所选育品种。由章姬与法兰帝杂交选育而成，2010 年通过贵州省农作物品种审定。植株高大健壮，生长势强，分蘖性强，早熟，匍匐茎发生容易。叶大近圆形，黄绿色，托叶浅绿，有叶耳。花序连续抽生性好、粗壮，花朵大、白色，花数适中，不需疏花疏果，畸形果少。极早熟，比章姬提早采果 15 天左右。果实短圆锥，鲜红色，果肉橙红色；果肉口感佳，香味浓郁，风味酸甜适口；可溶性固形物含量 9.5%～11%，可溶性糖含量 7.4%，可滴定酸含量 0.55%，每 100 克含维生素 C 90.38 毫克；果实硬度较大，储运性较好；平均单果重 25.2 克。耐寒性、耐热性及耐旱性较强；抗白粉病、炭疽病能力强，抗灰霉病能力中等。

28. 白雪公主品种有哪些特点？

白雪公主（暂定名）由北京市农林科学院实生选种选育。株型小，生长势中等偏弱，叶色绿，果实较大，最大单果重 48 克。果实圆锥形或楔形，果面纯白，温度高时会着粉色，果实光泽度强，种子红色，平于果面，萼片绿色，主贴副离。果肉白色，髓心空洞小。肉质细腻，可溶性固形物含量 9%～11%，风味独特，抗白粉病能力强。适合促成栽培。

29. 艳丽品种有哪些特点？

艳丽由沈阳农业大学园艺学院以从美国引进的草莓资源 08－A－01 为母本，枥乙女为父本杂交育成。植株生长势强；叶片较大，革质平滑；叶近圆形，深绿色，叶片厚，叶缘锯齿钝，单株着生 9～10 片叶。二歧聚伞花序，平于或高于叶面，花序梗长约 29 厘米，花梗长约 13 厘米。单株花数 10 朵以上，两性花。果实圆锥形，果形端正，果面平整，鲜红色，光泽度强。种子黄绿色，平或微凹于果面。果肉橙红色，髓心中等大小，橙红色，有空洞。果实萼片单层，反卷。一级果序平均单果重量 43 克，最大果重量 66 克，风味酸甜适口，香味浓，可溶性固形物含量 9.5%，总糖 7.9%，可滴定酸含量 0.4%，维生素 C 含量 630 毫克/千克，果实硬度 2.73 千克/厘米^2，耐贮运。植株抗灰霉病和叶部病害，对白粉病具有中等抗性。适合日光温室促成栽培和半促成栽培。在沈阳地区日光温室促成栽培，11 月上旬始花，12 月下旬果实开始成熟。

30. 京桃香品种有哪些特点？

京桃香由北京市农林科学院培育品种，2014年审定。母本达赛莱克特，父本章姬。果个中等，圆锥形，一、二级果序平均单果重31克，最大果重49克；可溶性固形物含量9.5%。果面亮红色，抗病性强，有浓郁的黄桃香味，种子着生于果实表面。已在北京、河北等地试栽，适合促成栽培（彩图4）。

31. 京藏香品种有哪些特点？

京藏香由北京市农林科学院林业果树研究所以美国品种早明亮为母本、日本品种红颜为父本杂交育成。2013年京藏香通过北京市林木品种审定委员会审定。植株生长势较强，株型半开张，叶椭圆形，叶缘锯齿钝，叶面质地革质粗糙，有光泽，单株平均着生叶片9.4片；花序分歧，平于或低于叶面，两性花。果实圆锥形或楔形，红色，有光泽，种子黄绿红色兼有，平于或凹于果面，种子分布中等；果肉橙红；花萼单层双层兼有，主贴副离。平均单果重31.9克，最大果重55克，有香味，耐贮运，可溶性固形物含量9.4%，维生素C含量为627毫克/千克，还原糖为4.7%，可滴定酸为0.53%。北京地区日光温室条件下1月上旬成熟，较丰产。

32. 种子繁殖型草莓品种的优势有哪些？

近些年，荷兰、日本和加拿大等国家开始研发种子繁殖型草莓品种的选育。此类草莓品种具有节省育苗成本、杜绝母苗与子苗的致病途径、繁殖率高和应用方便等特点。

目前，匍匐茎繁育作为草莓种苗繁育的主要方式，需要6～

8个月的时间，而用种子播种育苗可以将育苗过程缩短为4个月，同时节省劳动力，降低劳动量，减少带病率。种子繁殖型草莓品种选育将成为草莓育种的重要方向。

日本种子繁殖型品种四星是以三重县培育的三重母本1号为母本，香川县培育的A8S4－147为父本杂交后所得的F_1代种子。四星是早熟品种，果实鲜红色，形状漂亮，除了有甜味、酸味外，还有口感浓厚、纯度高的特点。高产，适合促成栽培（营养钵育苗），5月播种，9月定植，11月下旬可以收获。一般而言，在低温短日照条件下成花，但在25～27天长日照条件下，它能启动四季结果相关基因，诱导花芽分化即具备了"长日照反应性（四季性）"，适用于周年生产。荷兰的种子繁殖型品种有宝石安、德丽兹、德丽兹莫和蒙特娜等。

四、草莓种苗繁育

33. 草莓种苗繁育方法有哪些?

草莓的种苗繁育方法包括种子繁殖、母株分株繁殖、组织培养繁殖、扦插繁殖和匍匐茎繁殖。

(1) 种子繁殖法。就是播种草莓的种子,通过一定的栽培管理技术获得草莓种苗的方法。由于种子繁殖法成苗率低,性状容易产生变异和分离,因此在生产上一般不采用。但杂交育种或选育新品种、长距离引种和一些难于获得营养苗的品种,多采用种子繁殖。

草莓的种子没有明显的休眠期,可随时播种。在室温条件下,草莓种子的发芽力可保持2~3年。播种前,可将种子放在纱布袋中浸水12~24小时,待种子充分膨胀后,撒播到苗床上,苗床上平铺适合的基质或细碎洁净的土壤,播种前先浇透水,种子均匀撒播在床面上后,再覆盖0.2~0.3厘米厚的基质或细土,盖上塑料薄膜以保持湿度。10天左右即可出苗,小苗长到3~4片展开叶时便可带土移栽到营养钵或小花盆中进行炼苗,之后再移到育苗圃中,促进其抽生匍匐茎,进行繁殖。

(2) 母株分株繁殖法。又称根茎繁殖法,俗称分墩法。对于不易发生匍匐茎的品种可采用草莓母株分株法进行繁殖。在草莓果实采收后,加强对母株的管理,及时对母株进行施肥、浇水和除草等工作,促进其新茎腋芽发出新茎分枝。待新茎、新根发生后，将母株整个挖出，剪掉下部黑色的不定根和衰老的根状茎，选择1～2年生、有5～8片功能叶、有5条左右健壮不定根的根状茎逐个分离。分离出的植株可直接栽植到生产园中，也可先假植，长成健壮苗后再进行栽植。栽后要及时浇水，加强管理即可正常结果。对于仅有叶片而缺少不定根的植株，可保留1～2片功能叶进行遮阴保湿促根培养，发根后再进行定植或假植。

草莓母株分株繁殖法，不需要建立专门的育苗圃，同时省去了除草、引茎、压茎等工作，节省了种苗成本。但是草莓母株分株繁殖法的繁殖系数较低，一般一个母株仅可获得6～12株达到定植标准的营养苗，而且新茎由于带有剪掉根状茎而引起的伤口，容易感染土传病害。

（3）**组织培养繁殖**。就是通过培养草莓葡匐茎顶端的分生组织即茎尖，诱导出幼芽，然后通过幼芽的快速增殖繁殖出幼苗的方法。草莓幼苗经驯化培养后，可移植到育苗圃中进行繁殖组培一代苗，再进一步进行生产苗的生产。

草莓的组织培养繁殖法获得的组培苗比常规育苗生长旺盛，成活率高，果实色泽鲜艳，果个较大，果形均匀一致，品质良好。组培育苗法繁殖快，一年内，一个分生组织可以获得几万甚至几十万株幼苗，且不占用土地，不受环境的影响，适宜工厂化生产。

利用茎尖培养法生产脱毒苗是目前世界上获得无病毒种苗最普遍有效的方法。在操作上，先把切取的草莓芽进行热处理；然后在无菌状态下，切取分生组织尖端0.2毫米的生长点，在适宜培养基中培养出试管苗，获得的试管苗要多次反复通过病毒鉴定，确认无病毒携带才能加速繁殖出大量试管苗，再进一步繁殖出原种苗，供生产使用。脱毒苗具有生长快、长势强、繁殖系数高等特点，抗病性、耐热性和耐寒性均强于普通非脱毒苗，基本不用或很少使用化学农药，符合无公害食品以及绿色食品的要求；花序多，坐果率高，且果实外观好、色泽鲜艳、果实个大，均匀整齐，畸形果少，产量高。脱毒苗在生产上有极广阔的推广前景，是种苗繁育的方向。

（4）扦插繁殖法。 是把尚未生根或发根较少的匍匐茎苗或未成苗的叶丛植于水中或土中，促进其生根，培养成独立的小苗。只要匍匐茎苗或叶丛具有两片以上正常叶片，随时都可以进行扦插。将匍匐茎苗或叶丛剪下，可选择扦插在水中、沙床、基质或土中。保持一定的湿度，温度不宜过高，草莓根系的生长适温是15～20℃，温度过高不利于根系的生长。一般15天左右，即可长出新根。草莓的扦插繁殖法，多在秋季进行，在草莓生产苗定植后，苗圃中未生根的叶丛和生根很少的匍匐茎苗在露地结束生长之前，难以成苗，剪下进行扦插繁殖，采取保温措施，冬季继续生长成苗，作为第二年春季的母苗使用。目前，也有在匍匐茎繁殖过程中，不进行引茎压苗，7月中旬再剪下匍匐茎苗进行扦插，统一管理，将匍匐茎繁殖法和扦插繁殖法结合在一起，繁殖出来的种苗整齐一致，成活率高。

（5）匍匐茎繁殖。 利用匍匐茎繁殖种苗是草莓最重要的繁殖方法，属无性繁殖。一般匍匐茎的单数节不能形成子苗，偶数节形成子苗。在匍匐茎的偶数节部位，向上长出叶片，向下发生不定根，扎入土壤，即形成一株匍匐茎苗。发生匍匐茎的草莓苗叫作母株或母苗，匍匐茎苗又称为子苗。与种子繁殖、母株分株繁殖、组织培养繁殖和叶丛扦插繁殖法相比，草莓匍匐茎繁殖法具有明显的优势。

一是利用匍匐茎繁殖种苗能够保持原有种苗的品种特性。二是繁育的草莓苗质量好，匍匐茎苗生育周期短，生命力强，根系发达，植株健壮，单株叶片多，单株达30克左右。种苗定植成活率高，缓苗后生长旺盛，并且容易保证花芽充分分化，有利于产量的提高。三是种苗繁殖速度快，繁殖系数高，繁殖技术简便。采用专用苗圃，每亩可定植800～1 200株，每株可繁殖匍匐茎苗 30~100 株，每亩可产优质种苗 2.4 万~12 万株。

34. 草莓有哪些育苗模式？

草莓的育苗模式多样。根据育苗的地域可以分为平原（低海拔）育苗与高山（高海拔）育苗。低海拔地区气候较为温暖，夏季炎热，需要遮光、冷藏等额外的设施技术来促进种苗花芽分化，减少病害发生。高海拔地区形成的冷凉气候以及昼夜温差对草莓的花芽分化极为有利，为草莓苗内物质的积累提供了良好的条件。在美国加利福尼亚州草莓产区，来自高海拔地区苗圃的移栽苗比来自低海拔地区苗圃的移栽苗更受欢迎，因为它们开花结果期更短、植株活力更易控制、果实质量更好。

根据有无设施可以分为露地（大田）育苗（彩图5）和设施避雨育苗。其中根据设施类型的不同又可以分为塑料大棚育苗、日光温室育苗、阴棚育苗。塑料大棚育苗，一般是南北走向，长度 50~100 米，跨度 6~8 米，不同地区规格有所不同，外部覆盖棚膜、遮阳网等避雨遮阳材料，内部或建造育苗设施，或者利用土壤进行育苗。日光温室育苗是使用闲置的日光温室，或是草莓生产结束后，留取健壮植株匍匐茎，原地进行育苗的模式。生产结束后利用日光温室育苗，要格外注意病虫害问题，再次生产前最好进行消毒。阴棚育苗利用日光温室北侧空地，借用温室后墙，搭建一个采光面向北的坡面温室，称为阴棚。在阴棚内进行草莓育苗，使日光温室的土地利用率得到总体提高，同时阴棚内夏季温度较低，利于种苗生长，有效减少苗期炭疽病的发生。

根据育苗使用的介质可以分为土壤育苗和基质育苗。基质育苗中根据是否使用育苗架可分为地面基质育苗和高架基质育苗（彩图6、彩图7）。地面基质育苗母苗一般定植在土壤中或者基质槽中，在母苗两侧整齐摆放育苗槽、穴盘或营养钵，其中装满基质，用于子苗的培育。高架基质育苗一般根据育苗架的样式分为"一"字形架式、A 形架式、H 形架式。"一"字形架的育苗槽水平摆放在母苗槽两侧，呈"一"字形，此模式下子苗处在同一水平，光照一致；A 形架式子苗分 3～4 层由上到下排列在育苗架两侧，子苗有较大的生长空间；H 形架与 A 形架类似，主要用于扦插育苗。

基质育苗根据使用育苗容器的不同可分为槽式育苗、网槽式育苗、营养钵式育苗、穴盘育苗等。槽式育苗一般使用草莓专用育苗槽，长 0.6 米、1 米或 2 米，宽 8～10 厘米、高 8～10 厘米，摆放方便，子苗按照 5 厘米的株距依次按顺序引压在育苗槽中生长直至结束起苗。网槽式育苗是固定防虫网两边，使其中部自然弯曲下垂形成槽状，由于这种网槽较为柔软，一般用于高架育苗，具有透水透气的特点，利于子苗根系生长。营养钵式育苗是将子苗引压（扦插）在草莓专用的营养钵中，这种营养钵深10～15 厘米，呈锥状，一苗一钵，从营养钵中取出种苗即可直接定植，能够很好地保护种苗根系避免伤根，从而缩短缓苗期，降低染病和死苗率。穴盘育苗是使用 24 孔或 36 孔草莓专用穴盘进行育苗，穴盘育苗加装基质、移动、运输更为方便快捷，已为不少育苗企业使用。

35. 草莓避雨基质育苗有哪些优势？

一般来说利用可以完全遮挡住雨水的棚室、使用基质而非土壤作为介质进行育苗，均可归为避雨基质育苗。

炭疽病是草莓三大病害之一，通过雨水或浇水的水滴飞溅扩散。多发生于育苗期，能感染植株的叶片、匍匐茎、短缩茎等部位，最终导致植株枯死，危害严重。在草莓育苗过程中要对炭疽病引起足够重视。使用避雨基质育苗，一方面避免了育苗过程中雨水滴溅所引起的炭疽病传播蔓延，另一方面使用基质育苗，能够有效降低土传病害的发生。除此之外，同土壤育苗相比，避雨基质育苗起苗不伤根，种苗更加适合长距离运输，定植后缓苗快，成活率高，草莓果实较常规露地育苗生产提前 16 天上市。

36. 草莓高架网槽式育苗有哪些特点？

高架网槽式育苗模式的特点是在 1.0～1.2 米高的架子上，架子宽 1 米，一侧高出 20 厘米设置母株槽，其余的部分在同一平面内，设置子苗槽，育苗槽均由防虫网制作，母株槽宽 20 厘米、深 18～20 厘米，子苗槽宽 8～10 厘米、深 10 厘米，间隔 10 厘米。均装有基质，并配有滴灌管。母株定植在母株槽中，子苗引压在子苗槽中。运用高架网槽式育苗模式生产种苗，工人可直立进行操作，不用弯腰，降低了工作强度，提高了工作效率；使用透水透气的防虫网作为栽培槽，基质排水通畅，利于子苗生长，子苗初生根发达，不存在下部根系盘卷的现象。

37. 草莓省力扦插育苗有哪些特点？

省力扦插育苗是指在草莓的生产田中选择品种性状及长势良好的植株做好标记，留作母株。待生产结束后，去掉其他植株，对母株进行适当的肥水管理，抽生匍匐茎和子苗后，将子苗扦插在营养钵中，子苗的根系从钵底露出时，即可切

扦插育苗

离，集中培养。另外在上海、江苏等地，结合高架育苗，将子苗从架子上剪下来扦插到消毒后的基质中进行统一管理，也被称为"高架扦插育苗""空中育苗"。

省力扦插育苗模式可节省母株成本，用消毒后的基质统一培养子苗可有效减少苗期炭疽病、白粉病的发生，繁育的草莓苗整齐一致，生长健壮，定植成活率达到98％以上；在传统方法不适宜繁育草莓苗的地区如盐碱地、沙化地等也可以繁育出高质量的草莓子苗。在扬州广陵区沙头农业园，使用高架育苗结合省力扦插，每亩地可以培育6万～8万株草莓苗，节省70％的劳动力。北京市昌平区鑫城缘果品专业合作社的日光温室内开展省力扦插育苗试验，467米^{2}日光温室共获得草莓苗6万株。在使用生产后的母株进行扦插育苗，一定要选择健壮，结果性好，符合其品种特性的植株。如果育苗温室还要进行下茬草莓生产，要注意土壤的消毒准备等方面。

38. 草莓阴棚育苗有哪些特点？

阴棚育苗模式针对种植面积较小、草莓种苗需求量不大的农户和园区，利用生产温室后墙的背阴侧，建造棚室，进行草莓种苗生产。该模式一是对闲置土地进行了利用，提高了土地利用率和产出率；二是满足生产用苗，降低购苗及运输成本；三是种苗质量有保证且定植时间机动，提高定植成活率。

以北京市昌平区万德园为例，在50米×8米的日光温室北侧，建设50米×4米的阴棚，阴棚内东西向以30厘米×10厘米的株行距定植600株红颜的母株，生产苗引压到宽10厘米、高10厘米的育苗槽中，每个阴棚可繁殖红颜生产苗1.7万～2万株，种苗健壮，定植成活率可达到95％。有效利用了园区的闲置土地，增加种苗产量和效益。

2016年，北京昌平区兴寿镇东营村农户利用165米^{2}阴棚繁育草莓种苗，共生产15 000株，除了满足自己2个棚（50米×8米）的种苗需求外，还可剩余7 000株生产苗，以每株种苗售价1元计算，销售可获得7 000元。如购买8 000株种苗需8 000

元，自育成本 4 643 元，则节省 3 357 元，因此收入共计 10 357 元。使用阴棚育苗，在提供自己生产用苗，降低购苗成本基础上额外增加部分经济效益，具有较好的发展前景。

39. 如何保证草莓育苗环境的清洁？

育苗前对土壤、基质、设施、资材等进行消毒，能够有效清除致病菌，降低种苗病虫害发生率，提高种苗质量。

（1）**土壤消毒**。对连续 2～3 年使用同一块土地进行育苗的园区，可以在育苗前选择使用棉隆和氯化苦等药剂进行消毒。土壤处理前 5～7 天，浇透水，直至土壤相对湿度达到 60%～70% 时，进行旋耕。按照推荐用量和方法使用熏蒸剂后，覆盖无渗漏薄膜，消毒时间为 15～20 天。注意薄膜一定要完全封闭不漏气，这样才能使土壤保持较高温度，杀死病菌、虫卵。消毒完成后，撤膜旋耕，晾晒 7 天以上，促使残留消毒剂发散。

（2）**基质消毒**。对于使用过的基质，有必要对其进行消毒处理后再使用。可以参考上文药剂消毒的处理方法，使用消毒剂后覆盖地膜闷 15～20 天，然后揭去薄膜，待药味消失后即可使用。如果应用的是商品化基质，虽然出厂前有的厂家已经过消毒处理，但为保险起见，最好还是处理一下，防止基质带菌。可以在每立方米基质中加入百菌灵、多菌清等药剂 100～200 克，充分拌匀后堆置，基质上覆盖塑料膜闷 1～2 天，然后揭开薄膜翻晾后再使用。

（3）**设施资材消毒**。对于育苗棚室，育苗前应当彻底清除棚室内部及周边的杂草、杂物。使用 10%～20% 浓度的石灰水，喷洒在设施周边、立柱、育苗架等，石灰水现配现用；将育苗槽放在浓度为 200～500 毫克/升的次氯酸钠溶液中浸泡 30 分钟进行消毒，浸泡后用清水冲洗干净，晾干后再使用。同时，育苗过程中使用的剪刀、育苗夹等工具，也需要经过浸泡消毒后再使用。

40. 草莓基质育苗的育苗容器有哪些规格，各自有什么特点？

草莓基质育苗的容器规格多样，有专用育苗槽、专用营养钵、新式穴盘等。使用草莓育苗专用基质槽是目前生产上采用较多的方式。母株定植在育苗槽或营养钵中。育苗槽内径长 60 厘米、宽 18 厘米、高 18 厘米，营养钵内径在 18 厘米以上。子苗引压在长 0.6 米、1 米或 2 米，宽 8～10 厘米、高 8～10 厘米的育苗槽中。单个育苗槽连续摆放，可以拼接成长 50 米或更长的槽，可以依据棚室的长度规格而定。采用育苗槽，盛装基质、苗地摆放方便易行，可以轻松适应不同间距的滴灌带、灌水比较均匀，但是由于多棵子苗生长在一条育苗槽中，定植时需要将种苗分开，容易对根系造成一定损伤，因此需要做好种苗蘸根消毒工作。

此外，市场上也出现了越来越多的草莓专用育苗容器。育苗椎管长 10～15 厘米，顶部呈圆形，直径 5～6 厘米，底部排列有漏水孔，外观呈圆锥形。椎管育苗，子苗根系垂直向下生长，分布良好。生产苗定植时，配有专用打孔器（定植器），与椎管大小形状一致，打好孔后，直接从椎管中取出子苗定植在定植孔中即可，方便快捷。种苗成活率可达 98%。新式穴盘按照穴孔数量，有 24 孔、32 孔、48 孔等众多规格，一般穴孔直径 5 厘米，深 8～12 厘米，呈四棱锥、圆锥等多种样式，穴盘边缘与内部有摆放滴灌管的凹槽。穴盘苗定植时间灵活，可以根据生产时间放置数周再定植，方便运输至冷库储存，可以使用机械种植，提高劳动效率，移栽后成活率高，种苗损失率仅为 1%～2%，几乎没有缓苗期，生长速度快。因此，越来越多的企业选择穴盘进行育苗。

41. 怎样选择草莓育苗基质？

草莓基质育苗可以购买商品基质。商品基质应当符合生产标准，pH 最好在 $5.5\sim7.0$，容重在 $0.2\sim0.6$ 克/厘米^3，总孔隙度应当大于 60%，通气孔隙度大于 15%，以利于种苗生长。对于购买的基质，要注意是否添加有机肥或化肥以及肥料添加量，并对种苗用肥进行相应调整，以免种植后重复用肥造成烧苗死苗。

农户也可以分别购买材料自行配置基质，通常按照草炭：蛭石：珍珠岩＝2：1：1 的比例进行配比。但是不同地区、不同来源的草炭性质差异较大。国内草炭有效磷、有效钾含量明显不足，有机质含量在 40%～60%，也低于国外草炭有机质含量。在草莓育苗时，应选择有机质含量和 EC 值相对较高的草炭配置基质。随着基质材料的不断丰富，椰糠、泥炭、砻糠灰、牛粪堆肥等也在草莓育苗上有所应用，根据文献报告使用椰糠：珍珠岩＝7：3，泥炭：砻糠灰：蛭石：珍珠岩＝3：1：1：1，泥炭：牛粪堆肥：蛭石：珍珠岩＝2：2：1：1 比例复配，也取得了较好的效果。配好的基质应当具备较好的透水性和透气性，用手攥捏易松散不成团。

虽然出厂前有的厂家已经对基质进行过消毒处理，但为保险起见，最好还是再进行消毒处理一次，防治基质带菌传染种苗。可以在每立方米基质中加入 50%百菌清可湿性粉剂 100～200 克或 50%多菌灵可湿性粉剂 100～200 克，充分混合均匀后使用。对于使用后的基质，如果在下个种植季仍然进行重复使用，也需要进行消毒。育苗结束后，使用太阳能石灰氮消毒法对基质进行消毒，清除母苗残体，按照每亩 20～30 千克用量，将石灰氮与基质混合均匀，用薄膜将苗槽严密覆盖固定，保证盖实不漏气。使用滴灌对苗槽灌水，使基质含水量达到 90%以上，之后关闭棚室，闷棚 20～30 天后打开棚膜进行晾晒。

42. 如何选择母苗，脱毒种苗有哪些优势？

繁殖原种一代苗，应选择品种纯正、健壮、根茎粗不小于 0.6 厘米，初生根不少于 6 根的脱毒原原种苗做母苗。

繁育生产苗，应当选择品种纯正、健壮、根系发达、具有 4～5 片叶、根茎粗不小于 0.8 厘米，初生根不少于 8 根，无毒无病虫的原种一代苗作为母苗。

脱毒苗的生产性能与非脱毒苗相比，存在明显差异。

（1）种苗繁殖系数高，长势旺。据生产调查结果，草莓脱毒种苗炼苗移栽成活率可达到 95％以上。二代苗繁殖系数高，繁育比率为 1∶102，比普通苗对照繁育比率 1∶78 高 24 个百分点。且子苗长势旺，较普通苗对照株高、叶大、叶色浓绿、叶厚。

（2）产量高。大棚种植丰香、冬花和宝交早生的脱毒苗较宝交早生病毒苗顶叶面积增加 30％～50％，花序数比病毒苗增加 40％～60％，产量增加 60％～84％。

（3）抗病性提高。据浙江建德市的相关研究，11 月上旬对田间白粉病、炭疽病、黄萎病的调查结果，脱毒苗示范区的发病率分别为 0、5.3％、8.9％，而常规苗对照区分别为 3.5％、15.4％和 17.1％。表明脱毒种苗的抗病性较常规苗有显著提高。示范区畸形果的百分率为 2.4％，比对照区低 7.8 个百分点，商品性有明显改善。

43. 可以使用生产过的草莓作母苗吗？

集约化育苗不提倡使用生产过的草莓苗作母苗。生产者育苗自己使用的话，可以部分使用。需要从促成栽培中选择品种特征明显、长势强、各花序结果正常，果实整齐、畸形果少、根系发达，无病虫害的植株为母苗。但是，由于这种植株未经受过低温的影响，春季定植后产生的匍匐茎苗较少。同时，由于已经大量结果，植株的生活力已明显减退，至秋季培养出的合格种苗也不会太多。因此，最好将当年从促成栽培地中选取的母株作为原原种，经夏秋繁殖出匍匐茎苗后，再从中选取优良匍匐茎苗为母株（原种），秋季定植于母本圃培育，第二年春季作为母株进行育苗。经繁育和培植出的母株，于春季定植于育苗圃，进一步繁殖生产用苗。

44. 怎样定植草莓母苗？

北京地区，设施育苗，时间可以较露地育苗提前 20～25 天，定植的适宜时期为 3 月下旬至 4 月上旬。也可在上一年的秋季将母苗定植在育苗槽或土壤内生长，待上冻前浇足冻水、待地温为 4℃ 左右时覆盖地膜并密封棚室，让母苗在塑料大棚内越冬。第二年春季气温升高，地温达到 10℃ 时及时揭膜，去除黄叶、老叶后，按照春季育苗正常管理。

定植母苗时株距 30 厘米以上，行距 1～1.2 米。使用育苗槽时，60 厘米长的育苗槽，每个槽内栽植 2 株母苗；使用营养钵时，每个营养钵内栽植 1 株。匍匐茎发生较少的品种或定植时间较晚的情况下，母苗的株距可适当缩短为 20～25 厘米。母株定植时把握"深不埋心，浅不露根"原则。定植后浇足水。

45. 草莓育苗期温度怎样管理？

设施育苗，3 月底至 4 月初，温度较低，注意密闭棚室，温度保持在 28℃，大于 28℃ 时可以打开风口，小于 24℃ 时关闭风口。4 月中下旬，打开大棚东西两侧下部棚膜和南北门，加强通风。注意遇到大雨大风情况，应当及时放下棚膜，关闭南北门，防止雨水进入。进入 5 月后，温度升高，此时可以采用在棚室外部覆盖遮阳网（60％遮阳），遮阳降温。

安装轴流风机促进棚室内空气的流动也是非常有效的降温措施。一般长 60～70 米、宽 10 米的塑料大棚可安装 4 个风量为 2 000 米³/小时的轴流通风机，通风机安装在棚室的中央，轴心距离地面 1.7～1.8 米，南北方向顺序排列，间隔 10～15 米。也可安装简易排风扇替代轴流通风机。一般长 60～70 米、宽 10 米的塑料大棚可安装 8 个风量为 2 000 米³/小时的排风扇，沿南北方向，安装 2 排，2 排排风扇间隔 5 米左右。轴流风机可以自 4 月下旬开始使用，早晨 8 时开放至下午 5 时，一直延续到育苗结束。

遮阳降温剂作为一种灵活、方便、高效的降温方式正在引起人们的关注，在国内设施园艺生产上也得到了应用。由荷兰 Mardenkro 公司研发，按照需要调节的光照强度，遮阳率可达 23％～82％，降温 3～12℃。适用于日光温室和塑料大棚降温的有利索（ReduSol）、利爽（ReduHeat）、利凉等系列降温剂产品。使用时按照一定的比例进行稀释，使用喷洒车或喷雾器喷洒到棚膜上即可，不再需要降温时喷涂专用清洗剂"立可宁"（ReduCiean）可随时进行清除。

46. 基质育苗中草莓的水分怎样管理？

草莓对水分要求较高。对于基质育苗，定植浇透水后，要根据气候的不同而有所变化。4 月，每 2～3 天可滴水一次；5 月，每天滴水 1～2 次；6～8 月，每天滴水 2～4 次。每次 10～15 分钟，在上午气温达到 20℃左右时滴水。对于露地育苗定植水要浇透，之后根据天气、温度状况，每 3～5 天浇水一次。6 月以后气温升高，最好选择在晴天的早上或傍晚浇水。浇水时应当小水勤浇，不要留有积水。每天上午滴灌一次，每次 20～30 分钟，依据天气状况，可以适当增加滴灌次数和时间。

草莓子苗，在压苗后滴灌给水。6 月每天滴灌 1～2 次，每次 5～10 分钟；7～8 月，每天滴灌 2～3 次。对于露地育苗，匍匐茎抽生以后，要勤浇小水，保持畦面湿润，以利于子苗扎根。结合母苗滴灌，此时可每天上午滴灌一次。检查灌水的均匀度，防止缺水引起子苗矮小、浮苗。进入 8 月后，适当控制水分，以利于花芽分化。

对于进行扦插育苗的农户，一般在 7 月初开始采集母苗上的匍匐茎进行扦插。扦插前一天对苗床进行洒水保湿，但不要漫灌；子苗剪下后着根处浅浅插入穴盘中，不要盖过苗心，轻轻将苗周围的基质压实，然后均匀地细雾洒水，防止将子苗冲倒或冲出穴盘，最后搭架覆盖遮阳网保湿培养。扦插后的 3～5 天，早晚可酌情洒水降温保湿，但要注意水分不能过大。7 天后待扦插苗缓苗后，可移除遮阳网，最好铺设滴灌浇水。每天 1～2 次，保证基质湿润，至育苗结束。

47. 基质育苗中草莓的养分怎样管理？

对于基质育苗，由于基质中养分含量较少，在母株缓苗后，5～7 月，每 15 天施用一次水溶肥（20：20：20），每亩 2～3 千克，上午浇水时随水滴灌。露地育苗，在匍匐茎大量发生时期，可每亩追施三元复合肥 10～15 千克，15～30 天一次。有滴灌施肥设备的，可选用平衡型水溶肥结合灌水进行，少量多次。

基质育苗在子苗切离后，7 月中下旬对子苗追施水溶肥（20：20：20）一次，每亩 2～3 千克。8 月后，停止含氮水溶肥使用，喷施 0.3％磷酸二氢钾 1～2 次，促进花芽分化。对于露地育苗，子苗可不施用肥料，依靠母株供给养分，也可少量施用氮含量在 15％左右、缓释期大于 60 天的缓控肥。

48. **草莓母苗植株怎样管理?**

摘除草莓苗出现的花蕾,以减少营养消耗,促进子苗生长。据统计,在育苗过程中,及时摘除花序的母株,单株匍匐茎发生数量是不摘除花序母株匍匐茎发生数量的 3 倍以上,而较多的匍匐茎意味着繁育出更多的子苗。因此,及时摘除花序是提高种苗繁育数量的重要措施。

在整个育苗期,随着母苗新叶的不断长出,下面的叶片逐渐衰老,因此要经常摘除老叶、病叶,这样既能减少养分消耗,又能减少病虫的发生。去掉的老叶要集中到空旷的地带烧毁,防止病虫害蔓延。

对于基质育苗,当子苗长满栽培槽或者子苗数量达到育苗计划时,可以将母苗叶片统一剪切或者将母苗移除。剪切叶片时应当保留 3~5 厘米叶柄,防止基质内的病菌由切口进入植株内。剪切母苗能够增加苗棚通风透光,减少病源、虫源,利于子苗管理。

49. **草莓子苗植株怎样管理?**

5 月底,当母苗匍匐茎大量发生时,开始集中选留匍匐茎。清除生长较弱、带病匍匐茎,留选粗壮的匍匐茎。抽生的匍匐茎应当及时沿槽两侧摆放、理顺。每株母苗保留 6~8 个匍匐茎。当匍匐茎子苗长到具有一叶一心时,进行压苗。压苗使用专用育苗卡或用铁丝围成 U 形,卡在靠近子苗的匍匐茎端,将子苗固定在子苗育苗槽中。压苗注意不要过紧、过深,以免造成伤苗。从母株匍匐茎长出的子苗为一级子苗,从一级子苗长出的子苗为二级子苗,以此类推。第一级子苗引压在第一行子苗用育苗槽或穴盘靠近母株的一侧育苗穴中,第二级子苗引压在第二行子苗用育苗槽或穴盘的第二行育苗穴中,以此类推。对于露地育苗,一级子苗固定在离母株 10 厘米的一侧，二级子苗固定在距离一级子苗 10 厘米的外侧，保证每株子苗有 10～15 厘米^2 的营养面积，以此类推。同一级的子苗在一条直线上，方便鉴别和管理。

及时摘除老叶、病叶，每株子苗保留 4～5 片展开叶即可。匍匐茎上长出 4 级子苗后，可以掐尖断头。

50. 怎样引压匍匐茎苗？

在匍匐茎苗长到一叶一心时，进行压苗。压苗过早，匍匐茎还在伸长生长，无法固定匍匐茎苗；压苗过晚，匍匐茎苗叶片大而多，工作不方便。根据匍匐茎苗长势，可以随时引压，也可以待匍匐茎苗长到一定数量时集中引压。如果采取集中压苗的方式，在匍匐茎苗生长过程中，要不断进行劈叶的工作，保持匍匐茎苗叶片在 2～3 片。

草莓育苗
中的压苗

压苗时，首先去掉最下面的小叶，然后用压苗器（卡）在距离匍匐茎苗 2～3 厘米处，固定匍匐茎，使匍匐茎苗的根茎部轻轻接触土壤或基质即可。过分用力，容易在匍匐茎上产生伤口，感染病菌，匍匐茎苗压得太深，容易埋心，引发病害；过轻，匍匐茎不能固定，影响生根，特别是在露地育苗过程中，大风或过多的杂草，都对匍匐茎苗的扎根不利，因此，需要及时压苗。压苗时注意摆正匍匐茎苗的位置，保证匍匐茎苗的株距在 5～10 厘米，行距在 10～20 厘米。避免因为植株过密，影响通风透光，发生白粉病、灰霉病和红蜘蛛等病虫害；或是种苗徒长，成为高脚苗，降低种苗质量。

51. 如何做好草莓苗的越夏管理？

进入夏季，草莓种苗基地容易出现土壤（基质）干燥、子苗不扎根形成浮苗、通风不畅引发白粉病、排水不利造成炭疽病发生严重等问题，影响草莓种苗生长。如果管理不善，可能造成巨大损失。因此，加强草莓种苗越夏管理，对于提高草莓繁苗系数、确保种苗质量、保障秋季草莓生产具有重要意义。

（1）通风降温，创造适宜生长环境。 进入夏季后，棚室内部温度迅速升高。应当及时打开棚室的风口、掀起下部薄膜、撤下棚室前后侧的薄膜，进行通风。对于具有上风口的大棚，下雨时应当及时关闭，避免雨水滴溅，引发病害。有条件的，可以在棚室内部安装环流风机，风速控制在 0.5 米/秒，以叶片能够轻微晃动为佳，确保叶片上方空气的流动，降低种苗周围温度，也可在棚室外加盖遮阳网，创造适宜种苗生长的小环境。

（2）加强肥水管理，保证母苗健壮生长。 夏季，种苗蒸腾量与生长量较大，因此需要加强肥水管理。草莓种苗的肥水管理应当遵循"少量多次"的原则，保证肥水供应平缓充足。避免大起大落，形成波动，影响其正常生长。对于基质育苗，每天滴灌5～6次，每次以水渗出基质为宜；对于土壤育苗，应当根据土壤性质进行浇灌，保持土壤湿润。注意经常检查滴灌带，防止出水口堵塞造成灌水不均。

每周使用一次氮磷钾复合肥（15∶15∶15），每株母苗用量按2克计算，撒施在母苗周围，注意不要离母苗太近，以免烧苗。

（3）预防病虫，保证种苗质量。 高温高湿环境下，草莓苗易发生病虫害，应当重视对病虫的防治，把握"预防为主"的原则。

使用阿米西达、代森锰锌等广谱杀菌剂对草莓炭疽病、叶斑病等病害进行预防。注意每周固定时间进行打药，不同种类药剂轮换使用。在大风、大雨以及人工操作后，都应该喷施一次杀菌剂进行预防。出现炭疽、根腐病症的植株，最好连根清除，带到棚室外焚毁处理。此外，要特别检查棚室内部、露地育苗地块的排涝状况，避免夏季暴雨造成内涝，对草莓种苗生产带来毁灭性的损失。

（4）管理子苗，保证种苗整齐一致。 当子苗长出一叶一心时，可用压苗器及时压苗，减少浮苗。注意压苗要轻，仅将子苗固定即可，同时压苗前应当摘去子苗下部小叶。若母株健壮，可以负担子苗的生长，子苗可先不给水，只进行压苗，待第一级和第二级苗在栽培槽内长满后再一起给子苗供水。同样，三级子苗和四级子苗长满后一起给水，以保证子苗的一致性。若母株长势较弱，压苗后就可以给水，以减轻母株的负担。

根据子苗生长情况，7月中下旬时可将母株和子苗进行切离，若三四级子苗还没有长好，则可以分几次切离。切离后要注意进行植株整理，去除老叶、病叶、保证子苗在4片叶左右。视子苗生长状况，追施1～2次复合肥，每株用量2～3克。进入8月后，应当停止使用含氮的肥料，适当喷施磷酸二氢钾等磷钾肥。

52. 如何防止浮苗发生？

发生浮苗时，匍匐茎端的子苗根系没有下扎进入土壤或者基质，而是在基部形成簇生状，暴露在空气中。浮苗不能作为生产苗使用，否则会影响草莓的产量和果实上市期。浮苗现象更容易在露地育苗时发生，特别是刮风较多、风力较强的地方。造成浮苗的原因一方面由于没有及时固定子苗，另一方面是由于土壤干硬。因此，子苗长到一叶一心时，应当及时使用育苗卡对子苗进行固定。压苗时首先去掉最下面的小叶，然后用压苗卡在距离匍匐茎苗2～3厘处，固定匍匐茎，使匍匐茎苗的根茎部轻轻接触土壤或基质即可。过分用力，容易在匍匐茎上产生伤口，感染病菌，引发病害；过轻，匍匐茎不能固定，影响生根。另外，在匍匐茎发生时期，及时浇水，保持土壤和基质的湿润，促进子苗扎根。

53. 露地育苗如何起苗？

秋天定植的草莓一般在8月中下旬至9月初起苗。起苗前2~3天，喷施广谱药剂防治草莓病虫害，避免将病虫带入生产田。起苗时应注意保护根系，防止受伤。子苗按照一级子苗、二级子苗或不同质量标准，如根系数量、新茎粗细、叶片数量等，扎成一定数量（50株或100株）的捆，装在塑料袋或纸箱中。有条件的地方，可以先进行预冷后用冷藏车进行运输，避免草莓内热而降低定植成活率。起苗和运输全程均需注意避免草莓根系的水分散失，防止根系老化。最好是做好栽苗的前期准备，包括整地做畦、洇畦、遮阴和人员安排等，再进行起苗工作。起出的生产苗要尽快定植。

如果就近定植，最好带土移栽，缓苗快，成活率高。若春季作为繁苗母株定植需在10月中旬起苗，应注意避免伤根，将老叶和匍匐茎等剪掉。清洗分级后，按品种捆成小捆贮藏在湿度60％左右、温度−2~0℃的地方，保留母株；冬季注意防寒，第二年又重新抽蔓繁苗。

五、草莓促成栽培

54. 草莓有哪些栽培模式？

草莓的栽培模式可分为露地栽培、半促成栽培、促成栽培和抑制栽培4种。按照有无设施和设施的种类，又可分为露地栽培、小拱棚栽培、塑料大棚栽培以及温室栽培。露地栽培、小拱棚栽培和塑料大棚栽培模式在长江流域以南、西南地区等温暖地区较为常见；在北方，冬季气温低、霜期长，主要利用温室进行栽培。北京地区普遍使用日光温室进行草莓生产。

（1）露地栽培是指草莓在自然条件下生长，开花结果。一般在上一年秋后8月底栽培，第二年春天5月中上旬收获。露地栽培分1年1栽和多年1栽制。

（2）半促成栽培是使草莓在人工条件下打破休眠、促进其提早生长发育的栽培模式。从保护地设施来看，在我国半促成栽培主要为小拱棚、塑料大棚和日光温室。其中以小拱棚半促成栽培开始最早，20世纪80年代初即在生产中出现，而20世纪80年代后期在我国迅速兴起的塑料大棚半促成栽培和日光温室半促成栽培的技术较为完善，并且被大面积应用。收获期可从5月中旬提早到2月中旬，经济效益比露地栽培有显著增加。

（3）促成栽培是使草莓在人工条件下阻止其进入休眠、促进其继续生长发育的栽培方式。促成栽培果实成熟期更早，当年12月即可开始采收。促成栽培成本较半促成栽培更高，管理技术要求也高，但因为草莓成熟期正好与元旦、春节等节日相伴，经济效益较半促成栽培更高。

（4）抑制栽培是使草莓植株在人工条件下长期处于冷藏被抑制状态、延长其被迫休眠期、并在适期促进其生长发育的栽培方式。抑制栽培在 20 世纪 80 年代末期有少量发展。抑制栽培可灵活调节采收期，弥补草莓淡季，并且在寒冬到来之前（10 月）大量收获，只需简易大棚保温即可。但由于株苗需要长期冷藏，成本高，管理技术的要求也高，因此目前在生产上应用较少。

55. 草莓土壤栽培模式有哪些特点？

土壤栽培是草莓生产中最常见的栽培方式。土壤具有较好的保温、保水效果，并且缓冲能力强，营养元素种类丰富，对种植者技术要求相对较低。由于草莓喜水但不耐涝，在定植前，需要制作高 30～40 厘米，上宽 40～60 厘米，下宽 60～80 厘米的垄（栽培畦），垄距 80～100 厘米。在垄面铺设滴灌设施。将草莓苗种植在垄面上，果实垂在垄的外侧。10 月中下旬，温度降低后在垄面铺设地膜进一步保温。

多年的连续种植，容易造成土壤中有害物质的积累，引起病虫害特别是土壤病害的暴发，因此连续多年种植草莓的棚室，要特别注意棚室和土壤的消毒。此外，多年连续种植还会导致土壤理化性质改变，在每年收获后或定植前需要对土壤进行改良，施入秸秆、发酵有机肥，补充氮、磷、钾、钙元素以及生物菌剂等，创造草莓生产所需良好土壤条件。

56. 草莓高架基质栽培模式有哪些特点？

高架基质栽培可针对性解决草莓常规土壤栽培中的连作障碍问题，减少土传病害的发生。将草莓生产从地面移至栽培架中，采用基质栽培、水肥一体化等配套技术，解决了常规土壤栽培中定植、抹芽、打老叶、采收等弯腰作业、费工费力的突出问题。不但管理、采摘方便，生产的果实外形美观、表面洁净，品质优良；也方便市民休闲观光，体现了农业旅游的人性化，成为都市农业的新亮点。高架基质栽培根据栽培架的不同可分为平面架式栽培、立体多层架式栽培和可调节式立体栽培。

平面架式栽培常见的有 H 形和 X 形，在高 1.0～1.2 米的架子上架设草莓栽培槽或栽培袋，一般采用滴灌的方式给水施肥。这种栽培模式采用的材料简单通用、成本较低、使用寿命长、植株受光一致、生长整齐，采收方便、产量也较为稳定。北京市农业技术推广站于 2009 年率先在京郊现代化联栋温室中采用高架基质栽培模式生产草莓，获得成功。2012 年，在昌平地区普通日光温室进行草莓高架基质栽培，50 米×8 米的日光温室，以110～120 厘米的行距安装 40～45 个栽培架，架高 120 厘米左右，外径宽 45 厘米左右，槽内装基质，基质的配比为草炭：蛭石：珍珠岩＝2：1：1，另外每立方米基质中需添加 10～15 千克商品有机肥。整棚的造价为 3 万元。在日光温室中，进行草莓高架栽培，草莓可以正常生长，采收期和产量与地栽草莓基本一致。

为了充分利用种植空间，提高栽培密度和产量，发展出了立体多层架式栽培。在单层支架的基础上提高支架高度至 1.4～1.6 米，增加栽培层数至 2～4 层。一般常见的立体多层架有 H 形双层及多层模式、A 形模式。立体多层架式栽培通常也使用槽式或管式栽培容器，使用滴灌的给水施肥模式。但是这种模式下，不同层的光照均匀度有所差别，易造成生长及品质的不均衡，因此种植时可以对不同品种进行搭配。

可调节式立体栽培模式结合平面架式与多层架式栽培模式的特点，平时草莓架在一个平面，布满整个温室，而在需要生产操作时，可通过调节使栽培架呈立体多层状，腾出过道进行操作。既充分利用了空间，也使草莓处于一致的温光环境中。该栽培支架包括立柱、可调节支架、固定栽培槽和移动栽培槽等部分。其中，栽培槽固定在立柱上，距离地面 1.2 米，移动栽培槽固接在可调节支架的竖杆上部。草莓生产管理方式同平面支架式栽培模式。

57. 草莓半基质栽培模式有哪些特点？

草莓半基质栽培是借助于传统土栽与高架基质栽培优点的一种新型草莓栽培模式。它在原有基质栽培技术的基础上进行改进，将土壤与基质优点充分挖掘出来。

利用硅酸板材在地面搭建栽培槽，栽培槽为梯形，下底宽 0.6 米，上底宽 0.4 米，地上部分高 35 厘米，地下部分掩埋 5 厘米。栽培槽的长度根据温室的实际情况而定，一般长 6.5 米。50 米×8 米的日光温室安装 45～50 个栽培槽。搭建完栽培槽后，在槽内部四周铺设一层 0.08～0.12 毫米厚的 PVC 膜，之后回填土壤至槽内。土壤中每亩施农家肥 3 000～5 000 千克，氮磷钾比例为 15：15：15 的复合肥 15～20 千克，土量为栽培槽的 2/3，堆成三角形，最后填装基质，基质可选用草炭：蛭石：珍珠岩为 2：1：1 的配比。基质填装完毕后，喷灌洒水，使基质完全湿透，一般需浇水 2～3 次。待基质完全沉降后，应根据沉降量及时补充基质，再次浇水，使基质湿透沉降。直至基质完全沉降后与基质上表面与板材上面平齐或呈弧形略高于板材。

半基质栽培保水性提高，保肥力更强，保温效果更好，同时能够稳定根系，改善了微量元素供给问题，节水节肥。该模式栽培槽可使用 5 年以上，减少了每年做畦的人工费用，外形美观；获得了国家实用新型专利，并纳入北京市昌平区政府补贴范围。

58. 草莓日光温室东西向栽培有哪些特点？

日光温室东西向畦栽培是指沿日光温室东西向做高畦，畦上栽植草莓的生产模式（彩图 8）。东西通长畦在应用起垄机做垄时更加快捷、易操作，比传统南北向人工做畦节省人工成本63.3%；草莓劈叶、打杈、采收等农事操作更方便；同时试验表明，使用东西畦做垄的方式，具有较好的保温性，11月至次年3月10厘米深度土壤最高温度和最低温度比传统南北畦更适宜根系生长；花期和果实成熟期提前；果实品质好的优点。

人工进行东西做畦的具体方法：日光温室南北向，用卷尺量好垄间距1.2米，东西进行放线，沿线踩出一条准印，使用铁锹对准脚印中心开挖，形成垄沟，挖出的土方分别培到左右两边准备做的畦上，沟宽40厘米，沟深40厘米。每挖一部分即进行踏压，打好畦垄雏形后，用耙子耙平垄面，垄沟侧壁用铁锹敲打拍实，保持垄底宽80厘米、垄上宽60厘米。

草莓东西畦栽培，结果方式可以分为3种，一是南向结果方式，此方式需要在垄上做出斜面，北侧高40厘米，南侧30厘米，草莓双行定植，分别距离两侧畦边10厘米，弓背均朝向南侧，北侧草莓畦面结果，南侧草莓南侧结果。二是两侧结果方式，此方式畦高40厘米，无斜面。草莓双行定植，北侧草莓弓背向北，南侧草莓弓背向南，各与两侧畦边保持20厘米间距，小行距20厘米。三是畦面结果方式，此方式与两侧结果方式相同，畦高40厘米，无斜面。草莓双行定植，距离两侧畦边10厘米，小行距40厘米。弓背均朝向畦内侧，果实在畦面上。畦面铺设稻草或塑料隔板，避免草莓接触地膜，减少因畦面积水造成灰霉病的发生。

北京市昌平区兴寿镇鑫城缘果品专业合作社自2012年秋季首次引进草莓东西畦生产技术，果实上市期较南北向温室平均采收期提前47天，当年产量2 047千克，位居园区第一，经济效益达到11万元。从三种结果方式来看，畦面南向结果模式在产量与效益方面表现最好。

2016—2019年，通过垄型改进和起垄机械筛选比较，东西畦垄型可以固定为行距90厘米，垄高35厘米，垄面40厘米，垄沟宽 28 厘米。机械起垄可以做到划线和起垄一人独立完成，行驶前后稳定性和畦面平整度提升。利用机械起垄一人一天可完成 7 个日光温室（50 米×8 米），较人工起垄工作效率提高 10 倍以上。

59. 草莓温室后墙栽培有哪些特点？

温室后墙栽培技术利用温室后墙热能高的特点，制作后墙立体栽培管道，栽培草莓或蔬菜，增加种植面积。利用温室后墙进行栽培，可以提高温室利用率 20%～30%，并充分利用热能。同时不同色彩蔬菜搭配草莓种植，还能给日光温室增添一道美丽的风景。

利用后墙管道进行基质栽培。选用直径 110～160 毫米 PVC 管道，上部可以开孔，也可以开宽度为 100 毫米的槽口，在管道底部每隔 5 厘米打排水孔。管道距离后墙 6 厘米，调整管道水平，一般后墙上下共安装 4 排，每排管道间隔 30 厘米以上。将基质拌湿后通过开口（槽）填入管道，用力压实，安装连接滴灌和施肥系统，进行种植。2016 年，在天津市静海区进行草莓温室后墙栽培试验，结果表明，温室后墙立体栽培草莓株数 1 778 株，增加种植面积 24%，新增效益 1.198 万元。中国农业大学水利与土木工程学院等研究推广单位通过冬季连续 31 天的温度监测，在 3 种典型气象（晴天、阴天、雪天）条件下，对比分析了有后墙立体基质栽培的日光温室（ESG）和无后墙立体栽培的日光温室（NSG）温度环境的变化。结果表明，ESG 的月平均气温较 NSG 高 0.84℃，其中最大日温差为 2.22℃，最小日温差为 0.14℃。因此，利用日光温室后墙进行立体基质栽培草莓，不但没有降低反而提高了冬季温室内的温度，是一种可行、值得推广应用的温室高效栽培技术。

利用后墙管道进行水培。推荐栽培的蔬菜作物有紫叶甜菜、空心菜、油菜等叶类蔬菜。一般后墙可安装 4 排管道（也可以使用其他材料），选择孔径为 110 毫米的 PVC 管道开孔，孔中心要在一条直线上，孔间距及大小根据所种植蔬菜或草莓所需大小决定，孔径一般在 30～100 毫米，间距一般在 150～250 毫米；上下水系统安装，将 1 米^3 的营养液桶埋于地下，安装水泵、定时器，将直径 110 毫米的 PVC 主管道串接，两头用堵头堵住，上水选用 25 毫米的 PVC 材料，回水选用 40 毫米的 PVC 材料，回水液面高度以主管道直径的 2/3 为准，最终由定时器控制水泵，实现大桶中的营养液在 PVC 管道中的自动循环流动。

选择此种方式种植，不但提高了温室空间的利用效率，而且无土栽培技术生产的蔬菜、草莓洁净、安全、品质好。种植者及采摘的游人不用弯腰即可采摘，减轻了劳动强度、增添了采摘乐趣，特别适合发展采摘和观光农业。

60. 草莓盆栽技术有哪些特点？

草莓植株矮小，适宜在盆内种植，并且叶色浓绿，花白果红，芳香浓郁，摆放在阳台上，既可观赏又可食用，具有美化环境和科普的功能，受到越来越多人的欢迎。

盆栽草莓的容器一般需要 4 升以上，高度在 20 厘米以上，底部有排水孔，以利于根系生长。品种可选择长势旺盛、自花结实能力强的品种，如甜查理、蒙特瑞、小白、四季草莓等，也可以选择红花草莓品种，增强其观赏性。欧系草莓品种果实大，且储藏期较长，在草莓成熟后挂果期长，抗白粉病能力强，管理技术简单，便于盆栽。盆土可以使用草炭、蛭石、珍珠岩进行配置，也可以根据当地情况选用黄沙、木屑、腐叶土、蘑菇渣、椰糠等进行配置。浇水以"见干见湿"为原则，保持盆土湿润即可。肥料前期以氮肥为主，花果期以磷钾肥为主。施肥结合浇水进行，注意浓度要小，以防烧根。家庭养植时，如果草莓花期在冬季，缺少昆虫授粉，可以使用毛笔蘸取花粉在柱头上轻轻涂抹即可达到辅助授粉效果。

农户可以利用棚室空地，将匍匐茎上的小苗、疏除的多余的苗栽种在花盆中，供前来采摘的市民选择，既有效利用了资源，又能够增加额外收入。

61. 如何确定草莓的适宜定植期？

不同定植期会对草莓植株生长、开花结果与产量产生不同程度的影响，不同草莓品种的适宜定植期也不尽相同。花芽分化是草莓开花结果和产量形成的基础，草莓定植期的确定与草莓花芽分化进程有很大关系。草莓的适宜定植期为生长点肥厚期。在花芽未分化时定植，定植后的肥水条件会对草莓植株的生理状态产生影响，一般草莓生产田土壤中会施入大量的有机肥和部分化肥，高氮素营养会使临近分化的植株又回到营养生长状态，结果导致整个花期延长。如果在萼片形成期或花瓣形成期定植，又为时过晚。花数主要决定于花芽分化前及开始分化后的一个很短的时期，即花芽分化临界期。

浙江省农业科学院园艺研究所 2015—2016 年确定了越心和红颜的花芽分化期，并对花芽分化期前后定植的植株生育期和结果性能进行比较。镜检结果显示，越心 8 月 30 日至 9 月 1 日顺利通过花芽分化，而红颜则是在 9 月 5—8 日通过花芽分化。8 月 30 日定植的越心开花结果最早，并获得了最高的单株产量和前期产量，这与越心草莓的花芽分化开始早有关。提早定植可使越心植株获得更长的营养生长时间，积累足够的养分，使植株营养充足、长势强健，第一花序分化早且整齐一致，有利于提高优质果比例和获得前期产量。8 月 30 日定植的红颜反而比 9 月 5 日和 12 日定植的开花、结果迟，主要是由于红颜 8 月 30 日定植时还没有植株达到花芽分化期，9 月 1 日定植时花芽分化比例也只有 10%，在草莓苗通过花芽分化前过早定植，有可能导致花芽分化进程停滞或逆转，进而影响之后的开花结果。2011—2013年的草莓花芽分化镜检和过早定植试验研究，结果表明，在浙江省北部地区大田无假植育苗，采用"前促、中控、后培"育苗技术体系，章姬、越心、宁玉等品种通过花芽分化期约在9月4日前后，红颜品种约在9月7日前后。章姬在8月22日、红颜在8月25日现挖现栽情况下，始花期推迟一个月以上。过早定植发生了花芽生理分化逆转现象。

花芽分化期的确定，需要在定植前对种苗进行镜检。用解剖镜定期观察草莓茎尖生长点生长状态，镜检花芽分化进程，每次镜检每个品种随机抽取植株 10 株，以 50% 的受检植株达到花芽分化期为花芽分化的标志。

62. 生产上如何促进花芽分化？

花芽分化的促进是利用日照长度、温度、氮素营养等影响成花的因素单独或相互作用进行调控。

（1）营养钵（穴盘）育苗。 定植期前 60 天左右，采匍匐茎苗栽植于营养钵中，或直接将母株上新抽生的匍匐茎苗引植于营养钵或穴盘中，幼苗生根存活后再切离匍匐茎。营养钵或穴盘内最好选用通透性好的壤土或基质，肥料分数次以液态形式施入或用缓效性的固态肥料。氮素肥料在 7 月底或 8 月上旬停止施用，使种苗体内氮素浓度趋于下降。

江苏省农业科学院园艺研究所使用直径为 10 厘米的营养钵，草炭土∶园土为 1∶1 的基质进行丰香草莓育苗，既可以形成壮苗，花芽分化整齐，又可以促使草莓果实较露地常规育苗生产提前 16 天上市。

（2）培育壮苗。 研究表明，草莓苗的质量对草莓的花芽分化有影响。新星、达赛、土特拉等品种草莓 4 片叶、5 片叶、6 片叶植株花芽分化进程相似，都早于 3 片叶植株 3 天。到雌蕊分化开始时，5 片叶和 6 片叶草莓的花芽分化进程较 4 片叶和 3 片叶的提早 3～9 天。定植时新茎粗度在 0.84 厘米以上的草莓植株，花芽分化时期和进程差异小，新茎粗度在 0.65 厘米以下的植株花芽分化进程慢。波兰 A、因都卡、宝交早生、春香等品种 4 片叶比 5 片叶草莓植株的花芽分化推迟 8 天，3 片叶比 5 片叶推迟 17 天。子苗的苗龄对草莓生长发育和产量也有影响，随着子苗形成时间推迟（苗龄减少），始采期相应延迟，早期产量逐次减弱。在大田无假植育苗条件下，生产中推荐越心草莓品种种植发育天数≥55 天、粗度＞0.8 厘米的子苗。草莓苗大小对低温、短日照的感受性不同。短缩茎 0.5 厘米以上的中大苗对低温、短日照的感受性大致相同，直径 0.5 厘米以下的感受性明显低弱。

（3）**短日照、低温处理**。包括单一短日照、单一低温和短日照与低温并用 3 种方法。利用低温设施对种苗进行一定时间的低温处理可以促进花芽分化。日本相关研究数据显示，低温库内的温度设定为 12℃，处理 18 天左右，种苗即可进行花芽分化。因冷库内黑暗，苗体消耗增加，产量略有下降。在日本也称为低温黑暗处理法。以收获期、单果重及产量等综合指标来衡量，以 8 月中旬开始处理，9 月上旬定植最适宜。低温黑暗处理法，较之另外一种方法，即夜冷短日照处理法，成本相对较低。夜冷短日照处理法，是夜间将苗放入 12℃ 的低温库中，白天搬到室外，放置在自然条件下，一般上午 9 时出库，下午 5 时放入库内，日照长度为 8 小时。自 8 月中旬开始，持续处理 18 天。虽然夜冷短日照处理所需设施昂贵，且大量处理有一定的难度，但较比低温黑暗处理诱导成花成功率高、产量高。

（4）**高山育苗**。通常海拔高度每增加 100 米，温度下降 0.6℃，利用这一特点，一般选择在交通便捷、排灌方便、海拔 1 000 米以上的地方育苗，可以促进花芽分化。

贵州省安顺市，海拔约 1 200 米，最高气温 32℃，采用无假植育苗方式培育章姬种苗；在浙江富阳定植，与富阳本地种苗进行比较，贵州安顺即高海拔冷凉地育苗花芽分化时期明显提早，开花期和采收期分别提前了 28 天和 43 天，1 月底前的产量增加了 3 倍，经济效益显著。在福州地区不同海拔高度育苗，同时定植，620 米高海拔冷凉地区培育的丰香种苗的始花期为 10 月 19 日，比 50 米低海拔区提早 10 天，始收期提前 12 天，早期产量（1 月 20 日前）增加了 70.5%；土特拉的始花期比对照提早 12 天，始收期提前了 11 天，早期产量提高了 71.5%；日本三号的始花期和始收期分别提早 12 天和 11 天，而早期产量增加了 77.2%。

（5）加强田间管理。种苗繁育后期，减少氮肥的施入，喷施磷酸二氢钾可以有效促进花芽分化。有研究表明，摘除叶片能够诱导成花，摘除老叶比摘除新叶效果更为显著。老叶中含有较多的成花抑制物质，摘除后减少了抑制物质的含量，植株的花芽分化得以促进。但是摘叶过度，反而会阻碍花芽的发育，实际操作时要注意。

63. 如何采用太阳能消毒法进行土壤和棚室消毒？

太阳能消毒法，通常被称为高温闷棚，是借助太阳能对棚室和土壤进行消毒的一种方式，具有成本低、污染小的特点，并且能与其他物理、化学消毒方式兼容，使用太阳能消毒法，能够控制和杀灭多种病原菌、杂草，降低有害生物种群数量，在一定程度上可以代替药剂熏蒸，减少农药污染，降低土壤的盐渍化程度。

6 月中旬至 7 月上旬，利用草莓棚室的田闲时间，每亩温室均匀撒施 600～1 200 千克、长度为 2～3 厘米的秸秆，或者在 5 月初套种禾本科作物，消毒前粉碎撒施。用旋耕机深旋耕，与土壤混匀，灌透水。土壤表面覆盖 0.02～0.04 毫米的透明塑料膜，密闭温室 40 天以上。使用太阳能消毒法消毒时，应当注意，地表覆膜一定要完全封闭，特别是使用有破损的旧膜进行覆盖时，要用胶带将破损处修补好，这样才能使土壤保持较高温度，杀死病原菌。同时，消毒时间应当足够长，遇到连阴天气可以适当顺延闷棚时间。

太阳能消毒法除接受太阳热能外，有机肥和秸秆在土中发酵也能产生大量热能，帮助土壤消毒。有机物和秸秆含养分与碳水化合物，是微生物繁殖所必需的养料。因此加入有机肥和秸秆帮忙，消毒效果会更好。有机肥和秸秆的使用数量为鲜牛粪或羊粪按每棚（50 米×8 米）2 000～2 500 千克堆沤后与轧碎的麦秸 300～400 千克，或棚里种植的新鲜秸秆混合翻入土中混匀，开始高温闷棚。

64. 如何采用石灰氮太阳能土壤消毒法进行土壤消毒？

石灰氮太阳能土壤消毒法是在太阳能消毒技术的基础上，使用石灰氮（氰胺化钙）对土壤进行消毒的一种技术。石灰氮施入土壤后，在土壤中与水分反应，生成氢氧化钙和氰胺，氰胺水解形成尿素，可直接供植物吸收利用，与水反应生成的液体氰胺与气体氰胺对土壤中的线虫、真菌、细菌等有害生物具有灭杀作用。同时，翻压在土壤中的生粪或秸秆，经埋压、覆膜、扣棚，在腐熟的过程中产生热量，加上利用太阳能高温闷棚和石灰氮水解释放的大量热量共同发挥作用，使棚室内温度升高有效杀灭土壤中的根结线虫及虫卵、真菌、细菌等病原菌，达到良好的防治蔬菜土传病虫害的效果。此技术弥补了单纯使用太阳能消毒法受外界条件影响较大的不足，利用石灰氮遇水分解形成氰胺和氢氮化物的化学特性，杀灭病原菌、线虫以及杂草种子，有效解决草莓地的根结线虫、土传病害和草害等问题，同时能够补充土壤中的氮素和钙肥，促进有机物的腐熟。应用效果较好。

石灰氮太阳能土壤消毒法，选择夏季 7～8 月天气最热、光照最好的时间开展。先将前一茬草莓的残留物彻底清出大棚。每亩温室均匀撒施 40～80 千克石灰氮和 600～1 200 千克、长度为 2～3 厘米的秸秆，用旋耕机深旋 2～3 遍，将有机物和石灰氮颗粒均匀翻入土中（深度 30～40 厘米为宜），尽量增大石灰氮颗粒与土壤的接触面积，以保证消毒效果。按照高 30 厘米，宽 60～70 厘米起垄，增加土壤表面积。土壤表面覆盖透明塑料薄膜，四周用重物压实盖严，确保密闭。然后在垄沟内灌水，直至畦面充分湿润为止，但不能有积水。之后覆盖棚膜，密闭温室。持续 30～40 天，可有效杀灭土壤中的有害生物。消毒后，揭开棚膜和地膜，翻耕土壤，加快有毒气体的挥发，晾晒 7 天以上，即可进行草莓生产。石灰氮土壤消毒也要求有较多数量的有机肥和秸秆。

65. 使用土壤熏蒸剂进行土壤消毒，有哪些要求？

熏蒸剂土壤消毒技术是采用化学熏蒸剂对土壤进行消毒的技术，具有见效快、受环境条件影响小、消毒彻底等优点。但是熏蒸剂处理技术对操作人员要求较高，熏蒸剂种类及用量要严格按照规定进行使用，使用完后要对土壤进行充分晾晒，避免有害物质在土壤中残留，影响草莓生长。

用土壤熏蒸剂消毒，杀菌（虫）机理大都是施入土壤后由原来的液体或固体变成气体在土壤中扩散杀死土壤中能引起植物发病的病原有害生物从而起到防病的效果，土壤通透性、土壤温度、湿度等环境条件对熏蒸效果起很大作用。要想达到理想的防除效果，土壤通透性要好，这就要求土壤熏蒸前将待处理的地块深翻 30 厘米左右，整平、耙细，提高土壤通透性。深翻前要将使用的肥料撒施在地表上一起消毒。适宜的土壤湿度是确保有害生物处于"生长的"状态，有充足的湿度"活化"熏蒸剂。一般情况下土壤相对含水量小于 30% 或大于 70% 时土壤熏蒸效果不好，不利于熏蒸剂在土壤中的移动。为了获得理想的含水量，地干时可在熏蒸前进行灌溉，地湿的话可以先晾晒几天，墒情转好时再进行土壤消毒。理想的土壤温度是让有害生物处于活的状态，便于熏蒸剂更好地杀灭有害生物。通常理想的土温是 15 厘米地温 15～20℃。覆盖薄膜推荐使用 0.04 毫米以上的原生膜，不能使用再生膜。如果塑料布破损或变薄，需要用宽的塑料胶带进行修补。最有效的塑料膜是不渗透膜，使用不渗透膜可大幅度减少熏蒸剂的用量，不但节省成本，提高防除效果，还可以保护环境。

6～7 月，采用氯化苦、棉隆等化学熏蒸剂进行土壤处理。土壤处理前 5～7 天，浇透水，待土壤相对含水量达 60%～70% 时，旋耕，然后每亩施用 99.5% 氯化苦液剂 16～24 千克，或 30～40 克/米² 剂量棉隆，覆盖无渗漏薄膜，消毒时间 15～20 天。消毒后，撤膜敞气 7 天以上。氯化苦土壤消毒需要专业公司进行操作。

66. 药剂土壤消毒后，如何确定土壤安全达到种植要求？

使用化学药剂（熏蒸剂）对草莓田进行土壤消毒后，要撤膜晾晒 7 天以上，以保证药剂气体的完全排出。判断土壤是否安全可以定植草莓，非常重要。熏蒸后种植时间很大程度与熏蒸剂的特性和土壤状况有关，如土壤温度和湿度。土壤温度低且潮湿的情况下，应增加敞气时间；而在温度高和干燥时，可减少敞气时间；有机质含量高的土壤应增加敞气时间；黏土比沙土需要更长的敞气时间。如果土壤中还有残留气体，会对草莓苗产生药害，影响草莓的成活。揭膜后，先晾晒 3～5 天，然后进行翻地排气。如仍有刺激性气味，须视情况延长敞气时间，直至无刺激性气味。然后，可以通过萌发试验定性判断是否有药剂残留，即拿两个罐头瓶，一个瓶中快速装入半瓶熏蒸过的土壤，另一个瓶中装入半瓶未熏蒸过的土壤。取样时可取同一块田中最低位置的土壤，通常此地土壤的残留较高。然后在罐头瓶中用镊子将一块湿的棉花铺在土壤的上部，再在棉花上撒 20 粒十字花科种子，盖上瓶盖。将罐头瓶置于无直接光照的室内，2～3 天后，拿出棉花块，数种子发芽数，并观察种苗的状态。如果种子发芽较少或根尖有烧根的现象，则表明有熏蒸剂残留。如果未熏蒸的土壤发芽少于 15 粒，或种子根尖有烧尖现象，应替换种子，重新进行测试。如果熏蒸过的土壤发芽数少于 15 粒或芽苗根尖出现烧根现象，推迟种植，一周后再进行测试。直到熏蒸过的土壤中种子发芽数高于 15 粒，且无根尖烧根现象，才可栽种草莓。

67. 土壤 pH 较高，如何调整？

北方地区大部分土壤属于碱性土壤，pH 在 8.0 左右，有机质含量低于 1.5%，土壤通透性差。由于地下水含钙过多，长期浇水土壤更有偏碱的趋势。因此，进行土壤调酸有利于草莓生长。

土壤调酸的常用材料有草炭、农家有机肥、松毛土、硫黄粉、过磷酸钙等。

(1) 草炭。 草炭有机质含量达 50%～70%，腐殖酸含量 20%～40%，含氮、磷、钾总量在 3% 以上，pH 5.0～6.0，呈弱酸性，纤维状结构，质地松软，通透性强，是理想的土壤改良材料。可以提高土壤有机质含量，改善土壤的通透性，降低土壤

pH，改良碱性土壤。是理想的增加土壤有机质，降低土壤 pH 的材料，但成本稍高。

（2）农家有机肥。 牛、羊、马等牲畜粪便，养分低，呈弱酸性，比较适合碱性土壤使用。

（3）松毛土。 山地、平原地松树林的针状落叶多年腐熟形成松毛土层，质地疏松，富含有机质，呈弱酸性适合改良碱性土壤，取材简便，成本低廉。

（4）硫黄粉。 高纯度硫，含量 99.5％～99.95％，酸性、淡黄色粉末，有工业级、精制级和医用级等，一般产品细度有 200 目、325 目、400 目及 500 目等不同规格。包装为每袋净重 25 千克。在农业上用其调节土壤酸性兼有杀虫杀菌效果。在草莓土壤改良中，一般每亩使用 50 千克，在草莓定植前与底肥结合施用，撒施在土壤表面，旋耕，与土混匀。

（5）施用酸性肥料。 如过磷酸钙、硫酸铵等，每亩施用量 25～30 千克。

（6）其他。 结合草莓滴灌设施，在浇水施肥时加入稀释的柠檬酸，在调节土壤 pH 的同时，能够起到冲洗滴灌设施滴头的作用，防止滴灌设施堵塞。

68. 土壤比较黏重，如何改良？

草莓属浅根系作物，最适宜栽植在疏松、肥沃、通气良好、保肥保水能力强的沙壤土中，适宜的土壤可以提高草莓种植的成活率，使定植的草莓缓苗快、生长健壮、抗病能力强、开花结果早、产量高，同时疏松、透气性好的土壤冬季升温快，地温高，利于草莓根系的生长。如果土壤偏黏，透气不良会影响根系呼吸作用和其他生理活动，容易发生烂根现象，使草莓果味酸，着色不良，品质差，成熟期晚。

土壤改良的常用材料有草炭、植物茎秆、有机废弃物、有机肥、松毛土、沙子、硫黄粉和蛭石，在实际中可以单独使用，如硫黄直接用于土壤的调酸，也可以多种材料结合使用，这样综合各种材料的特性，使用效果会更好。

土壤改良常用的配方（每亩用量）有：

①草炭 30 米^3、珍珠岩 3 米^3、蛭石 3 米^3，有机肥 3 000 千克。

②草炭 20 米^3，山皮砂 3～5 米^3，有机肥 3 000 千克。

③草炭 10 米^3，松毛土 10 米^3，荆梢 1 000 千克，硫黄 50 千克。

④松毛土 10 米^3，荆梢 1 000 千克，有机肥 3 000 千克。

⑤玉米、小麦秸秆、豆科植物及荆梢 2 000 千克（粉碎为 5 厘米），有机肥 2 000～3 000 千克。

通常实施改良土壤均安排在草莓拉秧后的土壤消毒阶段，在拉完秧的土地上，按上述配方比例，均匀撒好材料，然后拖拉机翻耕均匀，扣棚一个月。

通过改良土壤，可以增加土壤有机质，提高土壤肥力；降低土壤的黏性，增加土壤的疏松度、通透性；降低土壤 pH（北方地区碱性土壤），pH 可降低到 6～7。

改良后的土壤经过一段时间（1～2 年）的种植，随着养分被植物带走，土壤的有机质会逐步下降，pH 会上升，所以，一般情况下，间隔 2 年左右还要重复进行一次改良，或者每年适量地补充一些土壤改良材料以保持土壤特性的稳定。

69. 草莓定植前的准备有哪些？

草莓定植前要做好各项准备工作，包括施肥整地、做畦、安装滴灌和遮阳网、准备好种苗消毒使用的药剂等，同时要联系好定植需要的人工。

(1) 施肥整地。 消毒结束后，土壤中的含水量较高，除去地膜，对土壤进行晾晒，几天后土壤变得疏松，使用旋耕机进行旋耕。之后，以每亩撒施充分腐熟的农家肥 3 000～5 000 千克或根据产品说明撒施商品有机肥 800～1 500 千克，氮磷钾复合肥 30～40 千克，过磷酸钙 30～40 千克作底肥，根据测土结果，也可以不使用复合肥料。用旋耕机深旋耕。有条件的话，尽量多旋耕几次（5 次以上），翻深一些（40 厘米以上），活化深层土壤，保证肥料与土壤充分混匀，促进草莓生长。

（2）做畦。定植前 7～10 天，着手准备做畦。北京地区以南北向高畦为主，通常畦高 30～40 厘米，畦面上宽 40～60 厘米，下宽 60～80 厘米，垄距 80～100 厘米。

做畦时应当注意：①每次往畦上覆土时，都要将覆土踏实，以保证整个畦的坚实，防止降雨、灌溉引起倒塌。②做完畦后，畦面要保持平整，防止产生灌水不均匀现象。

也可以采用起垄机进行起垄。

（3）安装滴灌、遮阳网等。做完畦后，应当尽快安装好滴灌设备并进行调试，注意检查滴灌管堵塞或破损的部位，并及时更换，保证灌水的通畅与均匀。定植前 1～2 天，打开滴灌进行洇畦，保证地块在草莓种苗定植时保持一定的湿度，同时再进行一次修畦，保证畦面平整。

由于草莓在定植时正逢 8 月底至 9 月初，日照强烈、气温较高，因此定植前需要在温室上方悬挂遮阳网，避免因暴晒过度失水而死苗。待缓苗后，再逐步撤去。

（4）准备消毒药剂。准备阿米西达或多菌灵等杀菌剂，用于种苗的消毒处理。

（5）人工准备。在定植前，联系好工人，确定好分工，明确责任。人员分工包括运苗、摘苗、分级、种苗消毒、做标记（定株行距）、定植、浇水等。对于裸根苗来说，起苗后应尽快定植，所以人工准备显得尤为重要。

70. 如何选择生产苗？

《草莓种苗（DB11/T 905—2012）》北京市地方标准对生产苗的定义为，生产苗是指原种苗通过一年繁殖培养后获得并经检测后达到规定质量要求的植株。要求种苗，4个叶柄并一个芯；芯茎粗不小于0.6厘米；须根不少于6条，根长不小于6厘米；纯度不低于96%，无毒率不低于95%，成活率不低于90%，炭疽病病株率小于1%，叶斑病病株率小于3%。

种植者选苗时，主要看种苗外观，重点观察叶片、新叶、短缩茎和根系。叶片要求4~5片，绿色、有光泽、无卷曲、两片小叶对称、无黄化，无病虫携带；有明显的心叶，颜色嫩绿。短缩茎无伤痕，内部无病斑，茎粗0.8厘米以上。根系发达，乳白色至乳黄色，初生根6条以上，根长6厘米以上。

71. 定植前，草莓种苗如何消毒？

草莓防病从早做起，由于种苗在起苗、运输、整理过程中会受到一些机械损伤，容易受到病原侵染，因此，在整理完毕后应当使用阿米西达等广谱杀菌剂对种苗进行处理，又称浸苗。具体方法如下：根据每次浸苗量大小，使用适宜的容器，先用适量水将杀菌剂稀释成母液，再在容器内将母液按比例稀释成药液。在草莓定植前，将整理好的草莓种苗浸入25%阿米西达悬浮剂3 000倍溶液中，先放草莓的根部，浸泡时间一般在3~5分钟，最后将整个草莓植株快速在药液中浸一下，提出，在阴凉处晾干就可以定植了。通过浸泡可以杀死致病菌，又可以补充运输过程中草莓苗的失水，提高种植成活率。由于每栋温室用苗量较大，普通容器较小，难以满足定植速度的需苗要求，可以在背风、平坦的地方用砖垒一个长形池子，池子高度为两块砖高，宽度在

40 厘米，长度在 5 米左右，底部和四周铺上完好的棚膜，并压紧。放入清水，水深在 5 厘米左右，能够淹没草莓根部即可。在按池中水量撒入药剂搅拌均匀备用。药液要随用随配，药液脏了，要及时更换。

72. 定植草莓的关键技术有哪些？

设施草莓促成栽培的定植时间一般在 8 月下旬至 9 月中旬。定植时通常采用双行"丁"字形交错定植，植株距垄边 10～15 厘米，株距 18～20 厘米，畦面小行距 20 厘米左右。定植前先在畦面上做好标记，用花铲等工具在标记处挖一坑，将草莓苗放入坑内，填土压实。定植时要注意以下几点：一是由于草莓苗弓背方向与大多数花序伸出方向一致，为了使将来草莓能够顺着畦边缘结果，定植时弓背方向应当朝向垄沟一侧。二是要将草莓的根系顺直，不能出现根系打弯上翻的情况。三是覆土时，应当做到"深不埋心，浅不露根"，即保证土把根部盖住，同时保持苗心露在外面，与土持平。操作时，可以用一只手捏住草莓的根茎部，另一只手覆土，保证土不超过手捏的部位。同时注意不要让苗心内有土残留，这样容易引起土传病害。"深不埋心，浅不露根"是草莓定植时最根本的原则。由于栽植过深造成的死苗，在草莓生产中非常常见（彩图 9、彩图 10）。

73. 草莓定植后，应如何管理？

草莓定植后，主要进行水分管理、遮阳网管理、检查定植情况和植株整理等操作。

（1）水分管理。 栽后立即浇透定根水，使种苗根系与土壤接触紧实（彩图 11）。可以边定植边用管子浇，用管子浇水时，可在管子前面绑上一个旧手套，让水能柔和的流出，避免大水刺苗，溅起的土壤蒙住苗心，影响种苗缓苗和成活。草莓定植时正值天气较热时期，草莓容易出现萎蔫现象，可以在定植后采用微喷补水，降低温度、提高湿度，利于草莓种苗成活。定植后第二天，检查种苗根系是否与土壤接触紧实，如果发现不紧实，可以再用管子补水；如果已紧实，可以改为滴灌浇水，一般在早上 9 时左右和下午 5 时左右，浇两次，每次 15～20 分钟。3 天后，逐渐减少浇水次数，如果草莓植株在下午撤掉遮阳网后萎蔫程度较轻，下午即可不浇水，适当控制水分，只在上午 8～9 时，浇水一次，20～30 分钟，下午不浇水。待新叶发出，草莓缓苗后，继续控制水分，浇水间隔适当延长。

（2）遮阳网管理。定植时，遮阳网要全覆盖，第二天，遮阳网可以适当提起，遮阳网下面离地面的高度在 40 厘米左右，保证温室内的通风。3 天后，遮阳网提起到距离地面 1 米左右高度，种苗若出现萎蔫现象，可以适当回落。时间可逐渐缩短到上午 11 时至下午 2 时。遮阳网在晚上要全部撤去。7 天后，撤去遮阳网，此时种苗出现轻度萎蔫现象也不要紧。

（3）检查定植情况。定植后，经常检查定植和缓苗情况，对栽植浅的植株要及时覆土；栽植较深的，在定植后尽快提苗。提苗要轻，力量过大会导致种苗根系断裂，影响成活率。或者用铁丝等将草莓周围的土挑开露出草莓心。等缓苗结束后，再结合中耕进一步调整。

草莓定植前施入底肥过量或使用未腐熟的有机肥，易导致定植后烧苗，若有烧苗现象出现，需加大浇水量，一方面降低地温，另一方面使多余养分沉降，改善土壤环境。

（4）植株整理。草莓定植后至缓苗结束前，切勿整理种苗，此时新根刚生成，根系较弱，植株整理易伤根，从而影响种苗生长；同时植株整理产生伤口易造成病虫害侵染，从而降低种苗抗性。若发现带病叶片，可用剪刀从叶柄 2/3 处剪断，不能直接劈掉叶片。

定植后，剩余的草莓苗可以假植在营养钵中，留补苗备用。

74. 草莓定植后出现死苗，如何补苗？

在日光温室种植草莓，经常会因为栽植过深、种苗染病、浇水不足等原因造成死苗，因此，补苗是草莓生产中常见的工作。进入9月中旬草莓植株高度已达到10～15厘米，有3～5片新叶，这时如果还需补苗，因为外界温度开始逐渐降低，新定植的草莓苗生长速度慢，在同一垄上会出现大小苗的现象，给后期管理带来不便。为此，可以将定植时剩下用来补苗的草莓苗定植在10厘米×10厘米的营养钵中，浇足水，摆放在温室的一侧或后墙边，等待补苗。营养钵中的基质配比可采用草炭：珍珠岩＝2：1的比例配制。由于基质疏松透气，草莓苗生长快，可以随时用来补苗。补苗时，连同基质定植在定植穴中，注意压实土壤，浇足定植水。

如果存留的草莓苗不足以补苗，也可以采用匍匐茎苗进行补苗，选择缺苗处周围健壮的植株，留取匍匐茎，待匍匐茎苗长到一叶一心时，将匍匐茎苗压在缺苗处，匍匐茎可以一直留着，也可以在匍匐茎苗生根后，距离匍匐茎苗一侧3～4厘米的地方剪断。

75. 草莓生长期，如何整理叶片？

在草莓生长的过程中，叶片的摘除是一项经常性的工作。摘除叶片应根据草莓的不同生长阶段采取不同的方法。

草莓定植之初（7～10天），当第一片新叶长出3～5厘米时，草莓植株上的枯叶和烂叶已失去光合作用的功能，此时如摘除叶片，应使用剪刀，在距离叶柄基部10～20厘米处剪掉叶片，以后再去掉残留的叶柄。不可用力拽下叶片，伤害草莓根系，不利于草莓缓苗。

草莓定植 20 天后，用手轻触草莓植株，感觉草莓扎根紧实，植株不再晃动，并且早上可见叶片边缘有"吐水"现象，说明根系生长良好，草莓已缓苗开始生长。此时，如需去除老叶或老叶柄，可抓住叶柄向一侧轻轻一带，摘除叶鞘和叶片。如果草莓还有些晃动，为了不伤害根系，可一只手扶住根茎部，另一只手摘下叶片。对于叶片 2/3 正常且直立的叶片不能摘除，强行摘除会造成对根茎部的伤害，容易感病。

之后，在草莓的生长过程中，大概每 7～8 天生长 1 片叶子，新叶不断产生，老叶不断枯死。当发现植株下部叶片呈水平生长，叶鞘边缘开始变色，说明叶片已经失去光合作用功能，需要及时摘除，摘除时要连叶鞘一同脱掉。摘除叶片有利于通风透光，减少灰霉病的发生，果实充分见光，成熟转色快，口感好。特别是畦中央的叶片，要注意整理。但摘叶不宜过多，应根据植株和叶片的长势决定是否摘除。只要植株长势正常，叶片机能健全，满足通风透光条件，可不摘除叶片。

摘下的叶片应装到塑料袋中，带出温室，集中处理，不可堆放在温室中，造成病虫害的传播。摘除叶片的工作应该在晴天的上午进行。

76. 促成栽培什么时间开始保温？

掌握促成栽培的保温适期是草莓促成栽培的关键。保温过早，温度过高，不利于腋花芽分化，坐果数减少，产量下降；保温过晚，植株容易进入休眠状态，植株生育缓慢，开花结果不良，果实个小，产量低。促成栽培的保温适期要根据草莓的花芽分化和休眠情况确定，还要考虑品种、栽培类型、地点和经验等因素。

适宜的保温开始期应在顶花芽分化之后，第一腋花芽也已经分化的时间来定，一般第一腋花芽的形成时间较顶花芽晚 30～40 天。草莓多数品种在 10 月下旬左右开始逐渐进入休眠状态，因此，既不影响腋花芽分化，又不使草莓进入休眠状态，这个时间就是保温适期。浅休眠品种可以适当晚覆膜，深休眠品种适当早保温。不同育苗方式的种苗，覆膜时间也有不同。高海拔地区繁育的苗，花芽分化早，覆膜也应该早些。寒冷地方种植，覆膜应早些；温暖地区种植，适当晚些。

总体来看，当夜间气温降至 8℃时开始进行覆膜保温较为适宜，一般北方地区在 10 月中旬，南方地区在 10 月下旬至 11 月上旬。

77. 如何选择和覆盖棚膜？

棚膜是设施栽培中增温、保温、采光的重要部分，可以避风挡雨、遮阳防雹，同时也可以用来调节温室中作物的生存环境。

生产上应采用透光性好，防雾、防流滴、防老化、防尘的"四防"膜。避免选用劣质棚膜，影响温室的透光性，影响植株健康生长。选择使用聚乙烯膜（PE）、聚氯乙烯膜（PVC）、乙烯-醋酸乙烯复合膜（EVA）以及聚烯烃膜（PO）均可，但应具备透明性良好、透光率高且稳定、保温性能好、无滴性能优良、长寿耐用、防尘性良好、加工工艺先进、操作性能良好、强度高、抗拉力强、延展性好等特点，厚度多为 0.1～0.14 毫米。

上棚膜时应当选择无风的天气进行，按照正反面的标记进行覆盖。覆盖完毕后应当及时用压膜槽、弹簧以及绳子固定。遵循"弱苗早扣、壮苗晚扣"的原则。保温过早、室温过高，不利于腋花芽分化，影响坐果，造成产量下降；保温过晚，植株易进入休眠状态，且很难被打破，会造成植株生育缓慢，严重矮化，开花结果不良，果个小，产量低。因此，棚膜覆盖应根据休眠开始期和腋花芽分化状况，在植株休眠之前腋花芽分化之后进行。靠近顶芽的第一腋花芽在顶花芽分化后一个月左右开始分化。因此，顶芽开始分化后 30 天左右，新茎开始膨大时进行覆盖棚膜保温较为适宜。具体时间主要受以下 4 个因素的影响：品种、保护设施的保温性能、生产地区与生产要求。

北方地区一般在 10 月中下旬，当外界最低气温降至 8℃时，覆盖棚膜，防止突然出现的霜冻对草莓产生危害。棚膜质量的优劣直接影响着温室的采光性能、保温性能和生产性能，因此，正确选择和使用性能优良、质量可靠的塑料薄膜对温室生产至关重要。

此外，棚膜安装也有几点要注意：选择无风的晴天进行，铺放棚膜时，应尽量避免棚膜拖地，避免棚架划破棚膜。发现棚膜有破损时，应及时用透明胶带粘补。棚顶和防虫网的安装，应先安装防虫网，再安装棚膜。铺盖棚膜最好在早晨或傍晚，温度较低，没有大风的时候进行，铺放棚膜应在各个方向均匀拉紧，防止出现横向皱纹，否则棚膜容易滴水。如果在气温较高时覆膜，棚膜不宜拉得太紧。因为气温较高，棚膜易拉伸；而气温降低时，棚膜会出现回缩，导致结点处太紧，这样遇到大风抖动会磨损断开，形成裂口。

78. 在北方，如何选择和安装保温被？

棚膜安装后尽快安装保温被。保温被对北方草莓日光温室冬春季生产具有重要意义。选择安装保温被应注意：

最好选择外表面具有较好防水功能而且耐老化的棉被；选择外保温层数多，且层与层之间有一定的空间，每平方米质量不低于 2.5 千克的棉被。

选择好合适的卷杆（最好是国际标准要求的厚度）和相配套的电机；棉被放下后与固定杆的距离应控制在 1.8～2 米，以达到升降棉被时的最佳受力比。

棉被安装时应考虑到要压过两山墙；从西向东安装，第一块在最上面，然后留足合理的搭茬（3～5厘米，且压茬一定要固定好，防止松懈，造成夜间散温过快），后一块在前一块的下面，依次类推。从东向西安装，则反之。为了保证安装后达到最佳的保温效果，防止温室顶部夜间散温，可在安装棉被时把温室的后仰角也进行长期覆盖。

为了保证棉被能卷到最高点而不会卷过头，可由一个人在棚顶看好，在离最大限度接近20厘米左右时，在棉被的卷停部位用红漆涂一直线作为警戒线，卷被人在棚下看到警戒线即可停止卷被。

如遇雨、雪天气时，最好在下雪、雨之前把棉被卷起，以防棉被增大摩擦力而导致雪下滑慢，或下雨时棉被吸水过多，长时间后使棚架受力过大而压垮温室。

为了避免减少每年上下棉被的用工成本，可在不用时，选择在晴好天气将保温被卷到棚顶，并用旧棚膜将其保护好，这样既能防止棉被老化、浸水，又可以解决上下与晾晒的成本。为了提高保温性能，可把上年用过的旧棚膜放在棉被的下层，棚膜和棉被同时卷放，还有保护棉被的作用。

79. 如何选择和覆盖地膜？

一般扣棚膜后7～10天就可以铺设地膜。铺设地膜有利于节水，提高土温，抑制杂草的生长。地膜一般为聚乙烯制品。我国生产的地膜有10余种，草莓生产上主要采用无色透明膜和黑色地膜，也有用黑、白双色或黑、银灰双色膜。普通使用的地膜是高压低密度的聚乙烯薄膜，通常厚度为 0.01～0.015 毫米。双色地膜厚度通常为 0.02～0.03 毫米。无色透明膜对土壤增温效果好，一般可使土壤耕作层温度提高 2～4℃。黑色地膜是在聚乙烯树脂中加入 2%～3% 的炭黑制成，对太阳光透过率较低，热量不易传给土壤，而薄膜本身往往因吸收太阳光热而软化。所以黑色地膜对土壤的增温效果不如无色透明膜，一般可使地温增加 1～3℃。但黑色地膜除具有增温保湿的作用外，还有防除杂草的作用。目前在生产上，在高垄的两侧、地膜的上面再铺一层白色的具有一定厚度的白色食品级低压聚乙烯垫网，保证果实四面透气，也避免了因太阳暴晒造成的黑色地膜烫果的问题。

铺设地膜前先进行一次中耕，疏松土壤，去除畦面和畦沟内的杂草。然后使用阿米西达、阿维菌素等广谱杀菌剂和杀虫剂对棚室进行一次彻底消毒，主要包括草莓苗、畦面、畦沟、温室后墙、后屋面、东西山墙、走道等。进行完消毒操作后，选择晴天下午进行铺设，将植株控制在比较柔软的状态，避免折断植株。铺设过程中应当注意：①地膜应当紧贴畦面，并能把畦面及畦沟完全覆盖。②地膜的长度应当比畦的长度略长，两头多余的部分应当埋入土中，利于保温。③可以根据需要选择不同颜色的地膜，黑色保温增温效果较好，白色和银色能够增加反射，促进果实着色。

依据种苗的不同生长状态，可选择不同的铺设方式。对于长势中等的种苗，可以采用常规方法，将地膜覆盖在植株上，两头压紧，然后在苗的上方依次打孔掏苗，也可选用预先打好孔的地膜进行铺设，但这种方法要求草莓的株行距与地膜上的打孔位置相对应。对于植株比较大的苗，掏苗对植株的伤害较大，可以事先将膜裁成 3 块，其中第一块较草莓小行距略宽，其他两块宽度相同。将第一块铺在畦面上，两行草莓中间，另两块分别铺在两行草莓的外侧，与中间一块之间用订书钉或小夹子固定，这种方式对草莓苗没有伤害。为了将草莓畦面和地膜紧密贴近，防止风吹起地膜，覆盖地膜后要适当浇水使草莓畦面湿润，便于地膜紧贴在草莓畦上。

80. 促成栽培中的低温危害有哪些表现，如何预防？

低温能影响花托、雌蕊和雄蕊的生长发育，导致花朵凋萎或果实畸形。低温的危害取决于低温发生的严重程度和其发生时花的发育阶段。花期 15℃ 以下的温度会抑制花粉萌发、花粉管伸长，抑制果实的授粉，形成畸形果；气温在 0℃、5 小时内，花和果实被害较少，果实肥大但不好，花粉发芽不好；气温在 −2℃、5 小时内，雌蕊变黑，幼果受害较严重，果实变褐或变黑，花粉不发芽；气温在 −5℃、5 小时内，雌蕊变黑，幼嫩果实受害严重，果实变褐或变黑，花粉不发芽，中等果实受害较轻，大果也有受害的可能。

为预防低温危害，首先要加强温室的保温性能，选用透明性良好、透光率高且稳定、保温性能好、无滴性能优良、长寿耐用、防尘性良好的棚膜。经常检查棚膜，发现漏洞及时修补。在棚前设置防寒沟；进棚口处挂双层门帘，门帘下部紧贴地面，减少开启次数；在保温被上覆盖旧棚膜，防止雪水渗漏；在棚后墙竖玉米秸秆或增加保温材料，这些措施都有利于提高温室的保温性能。还可以在日光温室和塑料大棚内再覆盖一层或几层薄膜，进行内防寒。遇极限寒冷天气，可以使用电暖风机，增加棚室内的最低温度。

在草莓生产过程中，要养成收看天气预报的习惯，要看 3～7 天的天气预报，如果有降温或连阴雪天气，提前做预防措施。

81. 什么时间释放蜜蜂比较适宜？

冬季日光温室内温度低、湿度大、日照短，极易造成畸形果。授粉对于提高草莓果实的商品率，减少无效比例，降低畸形果数量是很重要的。目前，生产上推广使用蜜蜂辅助授粉技术，使草莓异花授粉均匀，坐果率高，可降低畸形果率，提高产品的产量、品质及商品性。与自然授粉相比，蜜蜂授粉能降低33%的畸形果率。

蜂箱应该在草莓开花前一周放入温室内，以便蜜蜂能更好地适应温室内的环境。将蜂箱在傍晚或夜间搬入棚室，并在第二天凌晨打开。一般每亩日光温室放置1～2箱蜜蜂，保证1株草莓有1只以上的蜜蜂。蜂箱可放在温室的西南角，箱口向着东北角，避免蜜蜂飞撞到墙壁或棚膜上。或是将蜂箱放置在温室中部，注意将蜂箱出口向东，使其充分适应温室内小环境。蜜蜂在气温5～35℃出巢活动，最适温度为15～25℃，蜜蜂活动的温度与草莓花药裂开的最适温度（13～20℃）相一致。当温度达28～30℃，蜜蜂在温室内的角落或风口处聚集或顶部乱飞，超过30℃则回到蜂箱内。因此，当白天温度超过30℃时要进行通风换气，保证蜜蜂顺利授粉。气温长期在10℃以下时，蜜蜂减少或停止出巢活动，要创造蜜蜂授粉的良好环境，温度不能太低。可用旧棉被将蜂箱四周包起来，留出蜜蜂出气孔和进出通道，保证蜂箱内的温度，增加蜜蜂出巢率，白天温室内要注意防风排湿，放风口要增设纱网，以防蜜蜂飞出（彩图12）。

82. 如何养护蜜蜂？

日光温室内放养蜜蜂的技术性很强，如不能正确放养，不但达不到应有的效果，还会造成蜂群变弱死亡。为此，要加强对授粉蜜蜂的护理，放蜂时要注意以下几点。

（1）保温。 由于日光温室内昼夜温差太大，不利于蜜蜂的繁殖，因此，蜂箱应离地面30厘米以上，并用棉被等保温材料将蜂箱包好保温。这种蜂箱内的温度变化不大，有利于蜜蜂繁殖并提高工蜂采集花粉的积极性，从而提高草莓的授粉可能性。

（2）**喂水**。为了保证蜂王产卵、工蜂育儿的积极性，必须适当喂水。为防止蜜蜂落水淹死，给蜜蜂喂水的小水槽里应放些漂浮物，如玉米秸秆等。

（3）**喂蜜**。喂水的同时要检查箱内的饲料，当发现缺蜜时要及时用1千克蜜兑100～200克温水搅匀后饲喂或者选择白砂糖与清水以1:1的比例熬制，冷却后饲喂，水分不能太多，防止蜜蜂生病。饲喂时为防止蜜蜂落入淹死，蜜（糖）水上也要放置漂浮物。

（4）**饲喂花粉**。花粉是蜜蜂饲料中的蛋白质、维生素和矿物质的主要来源，温室内草莓的花粉一般不能满足蜂群的需要，应及时补充饲喂，如果不补充饲喂花粉饲料，群内幼虫孵化将受到影响，个体数量不能得到及时补充，授粉中后期蜂群群势就会迅速衰退，导致授粉期缩短，直接影响草莓授粉效果。饲喂花粉宜采用喂花粉饼的办法。选择无污染、无霉变的花粉作原料，不使用来源不明的花粉。花粉饼制法：首先应对花粉进行消毒处理，用75％酒精均匀喷洒，然后让酒精自然挥发，装入洁净盆中晾干待用，再把蜂蜜加热至70℃并趁热倒入花粉盆内，蜜粉按3:5的比例混合搅匀，静置12小时后，再进行搅拌，让花粉团散开，糅合成饼即成，花粉饼的软硬以放在蜂箱上不掉落为度，越软越有利于蜜蜂取食。每10～15天喂一次，直至棚室草莓授粉结束为止。

需要进行药剂防治的时候，要注意密封蜂箱口，最好将蜂箱暂时搬到别处，以免农药对蜜蜂产生伤害。注意经常查看蜂箱内蜜蜂存活状况，如存活较少，需要及时补充蜜蜂或更换蜂箱。

83. 如何做好棚室的温度调控？

扣棚后应保持较高的温度，白天一般为28～30℃，超过

30℃时要开始通风换气，夜间温度保持在 12～15℃，最低温度不能低于 8℃。因保温初期外界气温还较高，夜间可暂时不加盖棉被。

草莓初花期从现蕾到第一朵花开放需要 15 天左右。植株开始现花后是促成栽培草莓由高温管理转向较低温度管理的关键时期，此时要停止高温多湿的管理，使温度逐渐降低，白天保持在 25～28℃，夜间温度保持在 8～10℃，夜温不能高于 10℃，降温要逐渐进行，降温可持续 3 天左右，否则会影响腋花芽的发育，使花器官发育受阻。在降温的同时，室内湿度也会由于放风而迅速降低，叶片易失水干枯，严重时花蕾也会受到损伤。

草莓盛花期对温度要求较为严格，应根据开花和授粉对温度的要求来控制温度，白天温度保持在 23～25℃，夜间温度保持 8～10℃为宜。湿度管理是影响草莓花药开裂、花粉萌发的重要因素。棚内空气湿度应控制在 40%～50%，因此，排湿是此时温室管理的重要措施，在保证温室温度的情况下，通过调大风口来降低湿度。

草莓果实生长发育的适宜温度白天为 20～25℃，夜间温度为 5～8℃，较大温差有助于养分积累，促进草莓果实的膨大。温度过高，果实发育快、发育期短、成熟早、果个小；温度过低，果实发育慢、成熟晚、果个大。果实转色期通过调整通风时长及风口大小，提升棚温。草莓开始转色时要控制温度，温度不要过高，否则转色太快，草莓果实发白，不紧实。白天温度控制在 22～25℃，夜间温度控制在 5～6℃。

成熟期要控制温室内的湿度，防止棚膜滴水，而使草莓果实被水浸湿导致腐烂。为此，在早上温度较低的时候要适当地晚开棚，防止棚膜表面结冰影响棚内的透光和保温效果。白天温度宜保持在 18～22℃，夜间保持在 5～6℃。

温室中的增温和保温，是靠白天日光透过薄膜射入室内，使温度不断增加。白天积累的温度保存起来是靠夜间棚膜上的棉被阻止热量外传。人为调节室内温度时，要靠早晚揭盖棉被和中午开关放风口的大小和放风时间来调节。棉被的揭放和风口的开合要灵活掌握，棉被揭放的时间和节奏以及风口的开合时间和大小都需要根据温度情况进行调整。比如揭棉被的时候可以先揭 1/3，过半小时再揭剩余的 2/3，最后完全揭开；盖棉被时，可以以相反程序操作。

为了加强防寒保温，提高棚室内的夜间温度，减少夜间的热辐射还可采用多层薄膜覆盖。就是指在日光温室和塑料大棚内再覆盖一层或几层薄膜，进行内防寒，俗称二层幕。白天将二层幕拉开受光，夜间再覆盖保温。二层幕与棚膜之间一般间隔 30～50 厘米。二层幕使用的薄膜可选择 0.1 毫米厚度的聚乙烯薄膜，或厚度为 0.06 毫米的银灰色反光膜，或 0.015 毫米厚的聚乙烯地膜。与普通温室相比，使用二层幕可提高棚室温度 2℃，并且可降低湿度，达到防治白粉病和灰霉病的作用。

84. 如何进行草莓的水肥管理？

草莓正常生长发育需要 16 种必需的营养元素，除碳、氢、氧来自空气与水外，其他都来自栽培介质与施肥，其中以氮、磷、钾、钙、镁需求量较多，而对铁、硼、锰、铜、钼和氯等微量元素需要量较少。各种元素对草莓的生长作用是综合的，有时是相互辅助的，有时是相互克制的。对于草莓生长发育影响最大的，不是那些供应充足的元素，而是最为缺乏的营养元素。当所以施肥时，要掌握"平衡施肥"，提高各种元素的供应水平，促进草莓健壮生长。此外，需要注意的是，草莓属浅根系作物，吸肥能力强，养分需求量大，但根系对养分（盐分）非常敏感，施肥不足或过多都会对生长发育和产量、品质带来不良影响。据北京市农林科学院研究结果显示，每生产草莓 1 吨，需氮 8.06 千克，需磷 4.65 千克，需钾 7.90 千克（红颜）。氮、磷、钾的吸收比为 1:(0.4～0.6):(1.1～1.3)，氮、磷主要吸收在茎叶上，钾主要累积在果实上，因此结果期就注意增施钾肥。

土壤栽培时，首先对土壤理化性质进行测试，根据测试结果整地施肥。如果土壤中有机质含量不低于 3%，可以不施底肥或者每亩施用不多于 500 千克的有机肥料。土壤有机质为 2%～3%，每亩撒施充分腐熟的农家肥 1～2 吨或者撒施商品有机肥 0.5～1 吨。土壤有机质低于 2%，每亩撒施充分腐熟的农家肥 1～2 吨或根据撒施商品有机肥 0.5～1 吨，及三元复合肥（氮磷钾比例为 15:15:15）20～40 千克，过磷酸钙 20～40 千克作基肥，用旋耕机深旋耕。若土壤 EC 值高于 0.5 毫西/厘米，减少底肥用量。之后草莓生长过程中，主要通过追肥补充草莓所需养分。

草莓定植后，浇足定植水，缓苗后适当控水。一般每隔 1 周浇水 1 次，每亩每次灌水量为 1.5 米^3，浇水时间尽量控制在上午 10 时左右，温度上升到 20℃时开始浇水。草莓开花前可以追施氮磷钾平衡型水溶肥（氮磷钾比例为 19:19:19 或 20:20:20），每亩 4～5 千克，10～15 天一次。使用滴灌施肥，可以降低每次施肥量，缩短施肥间隔，根据天气情况，每 5～7 天浇水施肥一次，每亩每次 2～3 千克。扣棚保温后，浇水时随水冲施 2 千克磷酸二氢钾，如果花量较少，要及时追施硼肥，补充所需硼元素。在生产上，可叶面喷施 0.2% 的硼砂溶液。

草莓结果期，特别是果实膨大期后，浇水时随水冲施高钾（氮磷钾比例为 19:8:27 或 16:8:34）水溶肥，每亩使用量 4～5 千克，浇水量控制在 1.5 米^3 左右，每 10～15 天一次。也可以每 5～7 天浇水施肥一次，每亩每次 2～3 千克。同时补充二氧化碳气肥。

施肥时注重全元素肥料的使用，根据植株长势，观察叶片、花和果实的发育情况，适当补充硼肥、镁肥、铁肥等，补充镁肥可叶面喷施 0.2% 的硫酸镁溶液，补充硼肥可叶面喷施 0.2% 的硼砂溶液，补充铁肥可通过叶面喷施 0.2%～0.3% 的硫酸亚铁溶液进行补充。

果实转色期可追施发酵好的麻酱渣液，与水体积比为 1∶10 进行灌根，提高草莓风味和色泽度。还可追施黄腐酸、氨基酸和海藻酸类肥料，提升草莓品质。

每 15 天叶面喷施一次钙肥，有助于提高草莓果实的硬度和糖度。

85. 怎样提高灌溉水的温度？

冬季草莓生产中，浇水的时间和灌溉水的温度非常重要，直接影响土壤或基质的温度，进而影响根系的生长。草莓的根系在 10℃ 时开始生长，15～20℃ 时进入发根高峰，7～8℃ 时根系生长减弱。

草莓生产中的灌溉水多数使用的是井水。而井水的温度因水位的深浅而不同。水温低于 10℃，直接用于草莓灌溉，会造成土壤温度降低，不利于根系的生长，尤其是对于有些种植者选择在中午或下午浇水的情况。

有研究显示，在山西省吕梁市离石区信义镇小神头村，海拔 1 094 米，测定潜水井内不同水位水温的变化。在整个测试周期内，潜水井水位保持在距井口 1.27 米，不同深度处的水温差异明显。距水面 0.23 米、0.63 米、1.03 米和 1.43 米处的平均水温分别为 7.94℃、4.28℃、5.36℃ 和 9.35℃。不能满足灌溉的需求。

因此，对冬季温室大棚灌溉用水升温是必需的，是一种客观需要。如何提高灌溉水的温度，太原理工大学水利科学与工程学院提出低温区温室大棚灌溉水升温的最可行方案为单棚独立升温，即在各个温室大棚内修建独立的蓄水设施，利用温室大棚吸收的光能来使灌溉水升高水温。将灌溉水放入蓄水设施，静置一段时间，待水温达到灌溉要求的水温时供水灌溉。并推荐敞口地下长方形升温设施。这种升温设施的蓄水部分也全部在地面以下，平面上呈长方形敞口，蓄水体长 2.75 米，宽 1.75 米，深 1.2 米，占地面积 4.8 米^2，修建成本低，与温室棚内热空气的接触面积较大，增温效果好。

小温室，也可以选择水箱（桶）升温。以北京地区为例，日光温室长 50 米，宽 8 米，储水容器可以选择 PE 塑料桶，注意塑料桶的颜色一定为深色，这样一方面可以防止桶内生长绿藻，另一方面可以提高冬季栽培时的水温。储水容器容积 2 米^3 即可满足草莓生长需要。井水首先引入水箱（桶），自然放置 1～2 天，即可达到灌溉要求。

86. 怎样提高基质温度？

由于高架基质栽培中栽培槽内基质体积较小，缓冲能力低，温湿度变化较大，因此，要特别注意基质的温度调节。除了设定温室内适宜的昼夜温度外，为了提高高架栽培中基质的温度，还可以采用基质中加地热线、在栽培槽外侧加围裙、暖风管加温、温水循环等方法。

（1）地热线增温。 在基质中铺设地热线，埋设深度为 10～15 厘米，设定温度在 16℃，12 月初至次年 2 月底，每日关棚时开启地热线电源进行加温处理，早晨 8 时开棚时关闭地热线电源。地热线的使用时间可根据具体天气状况进行调整。

（2）围裙保温。 在栽培槽的外侧包围一层透明塑料膜即围裙，垂到地面，在栽培架下形成一个相对密闭的空间，利用栽培槽的保温。利用白色薄膜作外帘、黑色薄膜作内帘对栽培槽进行保温处理，效果好。

（3）**架下燃油暖风管加温**。日本采用的一种加温方式。用薄膜密封高架栽培的支架，夜间通过管道供应暖风，多数栽培基质温度的目标是 13℃ 左右或者 15～16℃，地域的气象条件和系统不同，适宜的温度多少会有差异。一般营养液栽培控制在 15℃ 左右。

（4）**温水循环加热**。利用泡沫聚苯乙烯等隔热性材料，在栽培槽内部铺设管道，用温水循环来保证栽培基质温度。这种方法主要在营养液栽培的系统中使用。高温时期也利用这样的方式通过冷水循环进行冷却。

87. 连阴天如何管理？

冬春季节草莓生长过程中，经常出现连阴天气，棚室内空气湿度高，室内温度低，光照强度弱。连续几天低温、寡照、高湿的环境条件会限制草莓叶片的光合作用，造成草莓坐果率低、幼果停止生长、畸形果增加、病害发生、果实成熟上市期推迟，直接影响草莓的产量和品质。因此，做好连阴天气下草莓的田间管理，对于草莓的正常生长非常重要。

（1）**坚持揭帘**。连阴天的中午，只要揭起保温被不会使棚室温度降低，就要坚持揭起保温被，使草莓植株能够接受散射光，增加植株对光照的适应能力。

（2）**适当加温**。连阴天，室内连续低温，可以采取适当措施进行加温，但是温度不宜过高，特别是夜温。夜温高，会加速草莓的呼吸作用，养分消耗增加。加温一般在夜间进行，在中午前后应该进行短时间的通风。如果草莓植株较小，可搭建小拱棚增温。

（3）**降低湿度**。草莓定植后，棚内全膜覆盖，减少土壤水分蒸发。棚内湿度过大时，可在行间铺设 20～25 厘米厚的稻壳、麦秸或麦糠，不但可以吸收棚室内多余的水分，还可以在白天吸收热量，提高夜间棚内温度。

（4）增加光照。可采用电照补光方法来增加光照。

88. 草莓生产过程中如何补光？

光照不足一直是草莓日光温室促成栽培中的一个重要问题。冬季的日照时间短，而揭放保温被进行保温更引起日光温室内日照的不足。棚膜表面吸附灰尘后也会降低透光率，造成温室内光照强度的不足，影响植株的光合作用。人工给予长日照条件，可以有效阻止草莓进入休眠状态，促进叶柄生长，防止矮化，并有利于果实膨大和着色。生产上采用电照补光方法来延长光照时间，具体做法为：每亩安装 100 瓦白炽灯泡 25 个，或用 60 瓦白炽灯泡 30～40 个。白炽灯距离地面 1.5 米左右。补光可采用三种方式，一是延长光照，即从日落到 22 时，5 小时左右的连续补光；二是中断光照，即从 22 时至次日 2 时，补光 4 小时；三是间歇光照，即从日落到日出，每小时照 10 分钟，停 50 分钟，累计补光 2 小时 20 分钟。无论哪种方式均有明显效果。在后坡、后墙内侧挂反光幕以及墙上涂白等方法也可以增强日光温室内的光照强度，提高草莓植株的光合效率。

89. 怎样进行疏花疏果操作？

草莓花序为聚伞花序或多歧聚伞花序，每株草莓一般有两个花序，每个花序着生 6～30 朵花，花序上先开的花结果个头大、成熟早；后期开的花往往因不能坐

去除无效花序　　摘无效果枝

果而成为无效花，这些花即便能坐果，也由于个小而无商品价值，甚至成为畸形果。果实大小依级次升高而递减，即一级果序

大，一般四级以上果序商品价值不大。假设顶果重为100克，那么第二果则为80克，第三果为47克，第四果为32克。

同一花序的果实相互争夺养分和水分，因此，及时疏除花序上高级次的花蕾和畸形果，可促进果实膨大。

（1）疏花。疏花宜在花蕾分离期，最晚不能晚于第一朵花开放时，要把高级次的晚弱花蕾以及无效花疏除。如果出现花头发黑，也要疏除，此种多因授粉不良，容易长成畸形果。疏花可减少养分消耗，促使养分集中供应先开的花蕾，使果个大、整齐、成熟早、成熟集中。

（2）疏果。疏果在幼果的青色时期进行。即疏去畸形果、病虫果及果柄细弱的瘦小果。每株草莓留果个数与草莓品种、定植密度、土壤肥力等因素有关。种植中晚熟品种及土壤肥力较高、植株生长旺盛的地块，可适当多留；种植早熟品种及土壤肥力低的地块，可适当少留。疏花疏果还要考虑草莓的销售方式，礼品销售的果实要求大一些，可以多疏果；电商销售的果实，有平台统一的标准要求，部分过大的果不符合要求，因此在疏花疏果时要适当调整；销售给蛋糕店的果实，通常是要求15克左右的小果，可以尽量少疏果；采摘的果实对大小要求不严格，可以实行轻简化管理，少疏果或不疏果。

（3）疏除花序。结果后的花序要及时清除，以促进新的花序抽生，为草莓正常发育改善营养条件和光照条件。每次疏花疏果后，要将花蕾、花、畸形果和无果花序集中运出园外深埋或烧毁。

疏花疏果应当以少量多次为原则，分几次逐步疏除，同时尽量保证尽早疏除，以免白白消耗营养。

90. 如何防止结果枝折断？

近些年在草莓高架生产和地面半基质生产中，常出现结果枝折断的现象，果实因为缺少营养供应，虽然能变红，但果小，不膨大，果皮颜色深，口感差。折断主要原因有以下两个方面：一是栽培槽中基质量少，基质上表面低于槽的上缘；二是栽培槽两边材料边角比较窄或者比较尖锐。可以采取填充基质、在槽边绑缚泡沫条等材料和架设果枝支撑架等方法解决结果枝折断的问题。

（1）填充基质。 在草莓生产之前填装基质环节，基质要浇水充分沉降之后，保证基质的上表面高于基质槽两侧边缘，呈中间高两边低的弧形。这样草莓定植后，结果枝顺着弧面自然垂下，不会折断。

（2）绑缚泡沫条等材料。 在基质槽的上边缘或者上边缘外侧绑缚泡沫条等材料，增加弧度和宽度，可以有效降低折断概率。

（3）架设果枝支撑架。 在栽培槽的两边外侧架设自边缘向外向下的弧形支架，每隔1～1.5米架设一个，在支架上，均匀打上2～3个孔，每一栽培槽一侧的支架间用铁丝或绳子串接，再在上面铺防虫网。果枝在防虫网上向外垂下。这样，既不会折断果枝，又能够增加果实的通风透光，使果实着色均匀、不易感染病害、品质提升。

91. 二氧化碳在草莓生产中发挥什么作用？

日光温室促成栽培草莓，12月份至次年的2月，由于保温的需要，棚室经常处于密闭状态，气体交换不足，造成二氧化碳的亏缺，影响草莓的光合作用，成为制约草莓优质高产的因素之一。在日光温室内增施二氧化碳能较大幅度地刺激叶片叶绿素形成，使叶片功能增强，有利于二氧化碳的吸收和同化，提高光合速率；进而促进草莓植株的生长发育，加速果实的成熟，增产效果明显。

在一定的光照条件下，温室内的二氧化碳浓度越高，光合速率也越高。与其他果菜类相比，草莓的光饱和点低，在 20℃ 左右的低温区域光合速率即可达到最大，属于冬季日照弱的条件下也可进行温室栽培的果菜类。但是在 25℃ 的高温条件下，无论二氧化碳气体的浓度如何，光合速率都会下降，这也是草莓在高温下很难栽培的原因之一。

夜晚关闭温室风口，草莓呼吸，排放二氧化碳，棚室内的二氧化碳浓度持续增加，日出之前二氧化碳浓度较棚室外高 1.7～2.9 倍。光合作用与日出一起开始，消耗夜晚积累的二氧化碳，二氧化碳浓度会急剧降低至室外浓度以下，光合速率也会持续变低。因此，日出后，在温室内二氧化碳浓度低于室外浓度之前，应使用二氧化碳发生器补充二氧化碳，将温室内二氧化碳浓度保持在 700～1 000 毫克/千克，2～3 小时，以维持光合速率。

92. 袋式二氧化碳发生剂使用技术特点是什么？

目前，京郊草莓生产中普遍使用的是袋式二氧化碳气体发生剂，包括二氧化碳缓释催化剂（小袋）和二氧化碳发生剂（大袋）两部分，使用时将二氧化碳缓释催化剂倒入二氧化碳发生剂袋中，充分混匀，封闭袋口，按照带上的标示，在袋上打 4 个孔，之后均匀吊挂在棚室内，每亩 20 袋，吊挂在植物以上 50 厘米处。在白天阳光照射下，袋式二氧化碳气体发生剂可自动产生二氧化碳气体，晚间无太阳光则不产生或少产生。

在田间使用过程中，种植者由于不是很清楚袋式二氧化碳气体发生剂的使用原理而容易出现了如下几个误区，应引起重视并改正。

（1）二氧化碳缓释催化剂与二氧化碳发生剂混合不匀。袋中可见白色缓释剂成分，二氧化碳发生量少，且出现严重氨气味，会对草莓的生长造成一定影响。

（2）**二氧化碳发生剂袋不打孔或不封口。**二氧化碳发生剂袋上打孔后，二氧化碳会缓慢释放，持续供应草莓生长所需，不打孔或不封口均不利于二氧化碳发生剂作用的发挥。

（3）**二氧化碳气体发生剂袋吊挂位置不妥。**二氧化碳气体发生剂袋应均匀吊挂在温室内，挂在前墙或后墙处均不利于二氧化碳在整棚内的施放。

（4）**二氧化碳气体发生剂更换不及时。**二氧化碳发生剂的有效期一般为 30 天左右，当二氧化碳气体全部释放完成，吊袋内只剩下少量黏土成分物质的时候，需及时更换二氧化碳发生剂。

93. 氮肥使用不当会出现哪些症状？

氮主要积累在草莓的茎叶中，有促进新茎叶的生长，增加叶面积，使叶色浓绿，提高叶绿素含量，增强光合效率、提高坐果率的作用，因此氮是形成产量的前提条件。氮在全生长期内需求量均较大，以果实膨大期吸收量最多，但是是否要补充氮，应根据植株分析结果而定。缺氮的外部症状由轻微到明显，取决于叶龄和缺乏的程度，一般开始缺氮时，特别是生长盛期，叶片逐渐由绿色向淡绿色转变，随着缺氮的加重，叶片变成黄色，且叶片大小比正常叶略小。幼叶或未成熟的叶片，随缺氮程度的加重，颜色反而更绿。老叶的叶柄和花萼则呈微红色，叶色较淡或呈现齿状亮红色。花朵常因缺氮变小而瘦弱，果实常因缺氮而变小。轻微缺氮时田间无表现，并能自然恢复。

使用过量的氮时，植株生长旺，易徒长，长出大量的幼嫩枝叶，叶片变薄而深绿色，易感染病害。氮过量时，下部叶片的叶缘开始变褐干枯，根尖变褐而大部分死亡。氮过多亦不利于花芽的形成与坐果，一般情况下，越是生长旺盛的植株，花芽分化越迟，果实成熟晚，畸形果增加，质量差，着色不良，风味劣，贮藏性能下降。

94. 磷肥有哪些作用，缺磷会造成哪些危害？

磷与糖类代谢关系密切，直接参与呼吸作物的糖酵解过程，能促进碳水化合物的运转，参与蛋白质和脂肪代谢过程。磷可促进草莓花芽分化和缩短花芽分化时间，提高坐果率和产量，磷能促进氮的吸收，使茎叶中淀粉和可溶糖的含量增加。

草莓缺磷时，植株生长弱，发育缓慢，叶片变小、叶色失去光泽呈暗绿色，严重缺磷时下部叶片呈淡红色至紫色，叶片外缘会有紫褐色的斑点。磷易于再利用，因此缺磷时，症状常从下部较老叶片开始，逐渐向幼叶扩展。根部生长正常，但根量少，颜色较深。缺磷草莓的顶端生长受阻，明显比根部发育慢。磷可与多种微量元素发生拮抗作用，施磷过多时会造成微量元素缺乏症，比如水溶性磷酸盐与土壤中的锌结合，减少锌的有效性，引起缺锌症。

叶面喷施 0.1%～0.2% 的磷酸二氢钾 2～3 次，可缓解缺磷症状。

95. 钾肥有哪些作用，使用不当会出现哪些症状？

钾离子是作物体内 60 多种酶的活化剂，钾能增强作物的光合作用，促进碳水化合物的代谢，对氮素代谢、蛋白质合成有很大影响。钾能够增加作物体内糖的储备，提高细胞渗透压，从而增加作物的抗逆能力。钾肥供应充足的植株叶片在夏季烈日下亦不易失水，并保持一定的光合速率，而缺钾植株叶片在同样的条件下则易失水萎蔫。钾素又被称为"品质元素"，在果实内的含量比例远高于氮与磷。适度钾肥能促进果实膨大和成熟，钾多果实大，糖酸含量均高，改善果实品质。

缺钾的症状多发生在成熟的老叶上，叶边缘出现黑色、褐色和干枯，继而发展为灼伤，还可在大多数叶脉之间向中心发展，包括叶肋和短叶柄的下面叶片产生褐色小斑点，同时从叶片到叶柄发暗并变为干枯或坏死。缺钾的果实颜色浅，果肉软而无味。缺钾症状多出现在结果之后，补充钾肥可缓解缺钾症状。钾过多时无特殊中毒症状，但会影响其他元素的吸收，如钙。

96. 钙元素在草莓生长中发挥哪些重要作用？

钙是植物细胞壁和细胞膜结构物质，在保持细胞壁结构、维持细胞膜功能方面具有重要意义。草莓对钙的吸收量仅次于钾和氮，以果实中含钙量最高。钙可降低果实的呼吸作用，保持果实硬度，延缓果实采后成熟、衰老，增强果实的耐贮性；增强植株的抗逆性；保证根系正常生长；降低铜、铝的毒害作用。

北京市农业环境监测站在果实同时有幼果期、膨大期和转色期的阶段，用 0.5% 和 0.8% 的氯化钙溶液喷施 1 次，采摘成熟果实进行贮藏测试。结果表明，0.5% 和 0.8% 氯化钙溶液能够显著提高果实硬度，提高草莓贮藏性能和好果率，对可溶性固形物和总酸没有显著影响，但 0.8% 氯化钙溶液对叶片有一定的灼伤。

97. 如何鉴别和缓解草莓缺钙症状？

钙在植物体内的移动性很小。缺钙时茎和根的生长点先表现出症状，凋萎甚至生长点死亡。

草莓缺钙植株的叶片皱缩，顶端不能充分展开，焦枯。在病叶叶柄的棕色斑点上还会流出糖浆状水珠。较老叶片叶色由浅绿到黄色，逐渐发生褐变、干枯，在叶的中肋处会形成糖浆状水珠。萼片尖端干枯。缺钙果实表面有密集的种子覆盖，果实组织变硬、味酸。缺钙严重时，花不能正常开放、结果。根尖生长受阻，根系停止生长，根毛不能形成。严重缺钙会造成植株早衰，不结实或少结实。果实不耐贮藏，品质下降。缺钙现象在草莓生产中较为常见。缺钙程度因品种不同而存在较大差异，也与管理措施有关，种苗叶片 3 片以下、温度超过 30℃、氮肥过量、大水漫灌等，都会加重草莓缺钙症的发生（彩图 13）。

水分供应失调，长时间不浇水或突然浇大水，土壤湿度变化剧烈，使草莓根系吸水受阻，加上蒸腾量大，导致缺钙。小水勤浇可以预防缺钙，在草莓生长期内喷施 0.1％糖醇螯合钙或氨基酸钙 500 倍液，可以有效预防和减轻草莓缺钙症状，有效提升成熟叶片的含钙量，同时提高草莓产量和品质，提高果实内维生素 C 含量。

98. 硼对草莓的生长有哪些作用，如何正确使用？

草莓的生殖器官中硼的含量高于营养器官，以花中含量最高，比较集中地分布在花的子房、柱头。硼对草莓生殖器官的形成和发育有重要作用，可促进草莓花粉的萌发和花粉管伸长，减少花粉中糖的外渗。草莓缺硼，其生殖器官的形成均受到影响，出现有花不孕，花粉母细胞不能进行四分体分化，从而导致花粉粒发育不正常。同时，硼与草莓受精坐果作用关系十分密切，缺硼还会影响草莓种子的形成和成熟，如草莓花粉干枯、有花坐不住果、果实小、畸形等，都是缺硼造成的。缺硼可导致草莓减产，严重时有可能绝收。此外，硼还具有促进细胞伸长和细胞分裂、碳水化合物的运输和代谢、参与核酸和蛋白质的合成等作用。缺硼时，草莓根尖、茎尖的生长点停止生长等。

草莓缺硼早期表现为幼龄叶片出现皱缩和叶焦，叶片边缘呈黄色，生长点受伤害，根短粗、色暗，随着缺硼加重，老叶的叶脉间失绿或叶片向上卷曲。缺硼植株的花瓣极小，授粉和结实率低，果实畸形或呈瘤状、果小种子多、糖分下降、果品品质差，甚至会造成草莓雌蕊严重退化，花器官枯死，导致有花不坐果。根部变短粗，颜色变深。

此外，施硼注意施用量、施用浓度，施用过量、过多、浓度大，造成肥害，草莓干叶，长势受到抑制，硬果等，产量品质受到影响。

缺硼土壤（土壤中含硼量低于 0.1 毫克/千克，即为缺硼土壤）及土壤干旱时易发生缺硼症。草莓植株表现缺硼症状时，叶面可喷施新型、易溶、吸收率高的硼肥，如有机螯合态、糖醇螯合态的硼肥，可缓解缺硼症状。喷施的时间最好选择在晴天，但要避开 10 时后到下午 4 时前这段温度最高的时段，在适宜的时间喷施硼肥更利于草莓吸收。一般草莓花期或幼果期叶面喷施 0.1％硼砂水溶液 2～3 次即可。注意叶片的正反面都要喷到。由于草莓对硼特别敏感，所以花期喷施浓度应适当降低。

99. 铁对草莓有哪些作用，如何防治缺铁症？

首先，铁主要存在于草莓叶绿体中，铁不是叶绿素的组成成分，但叶绿素的合成需要有铁。在叶绿素合成时，铁可能是一种或多种酶的活化剂。缺铁时草莓叶绿体结构被破坏，从而导致叶绿素不能形成，严重缺铁时，叶绿体变小，甚至

草莓缺铁

解体或液泡化。其次，铁与草莓光合作用有密切关系。它不仅影响光合作用中的氧化还原系统，而且还参与光合磷酸化作用，直接参与二氧化碳的还原过程。铁在影响叶绿素合成的同时，还影响所有能捕获光能的器官，包括叶绿体、叶绿素蛋白复合物、类胡萝卜素等。

此外，铁还参与草莓体内氧化还原反应和电子传递、呼吸作用等。

一般认为，二价铁是草莓吸收的主要形式；三价铁不是有效

铁，草莓难以利用。二价铁在土壤中很容易被氧化，使其有效性降低，从而限制了草莓对其吸收和利用。

缺铁影响叶绿素的合成，而且铁在韧皮部的移动性很低，所以缺铁后草莓老叶中的铁很难再转移到新生的草莓幼叶中去，新生的草莓幼叶出现缺铁失绿症，草莓缺铁总是从幼叶开始，最初症状是幼叶黄化或失绿，随黄化程度加重而变白，中度缺铁时，叶脉为绿色，叶脉间为黄白色，黄绿相间，相当明显；严重缺铁时新长出的小叶变白，叶片边缘坏死，或者小叶黄化，叶片边缘和叶脉间变褐坏死，叶片逐渐枯死（彩图 14）。此外，缺铁草莓的根系积累苹果酸和柠檬酸等有机酸，根系生长较弱，缺铁草莓单果重下降、产量低、品质差。碱性土壤草莓易发生缺铁。

为了保证草莓对铁的需要，土壤缺铁必须适量补充铁营养。采取叶面喷施，依据"缺什么补什么"的原则，选择使用新型、易溶、吸收率高的铁肥，如有机螯合态、糖醇螯合态的铁肥。喷施的时间最好选择在晴天，但要避开 10 时后到下午 4 时前这段温度最高的时段。叶面喷施 0.1％硫酸亚铁或 0.03％螯合铁水溶液，每 7～10 天一次，连续喷施 2～3 次。草莓的缺素症状一般就会得到有效的矫正。喷施浓度切记按照使用说明，浓度过高易导致肥害。

100. 如何防治缺镁症？

缺镁植株的老叶边缘黄化、变褐焦枯，叶脉间褪绿并出现暗褐色的斑点，部分斑点发展呈坏死斑，形成有黄白色污斑的叶子。新叶通常不表现症状。果实颜色淡、质地软、有白化现象。根量减少。叶面喷施 0.1％～0.2％的硫酸镁可使缺镁症状不再发展。

101. 如何防治缺锌症？

锌是生长素前身色氨酸合成所必需的元素，缺锌植株内吲哚和丝氨酸不能合成色氨酸，因而不能合成生长素。生长素能促进植株生长，缺锌时，植株生长受阻。缺锌植株的幼叶变黄，叶脉和叶缘依然是绿色，叶缘绿色是缺锌的典型症状。随着叶片的生长，逐渐变得畸形窄小，缺锌越严重，窄叶部分越伸长，老叶呈现淡红色。果实变小、数量减少。纤维状根多且较长。预防缺锌，最好在缺锌的土壤中施用含锌的肥料。生长期间可通过叶面喷施或滴灌硫酸锌或螯合态锌缓解缺锌症状。

102. 如何防治缺钼症？

钼是硝酸还原酶的组成成分，缺钼时，由于硝酸还原酶合成受阻而使植物体内积累大量硝酸盐，影响蛋白质合成。缺钼初期，幼龄叶片和老龄叶片均表现黄化，叶脉间失绿，有坏死斑点，边缘焦枯，向上卷曲。一般缺钼不影响果实的大小和品质。叶面喷施 0.02%～0.05% 钼酸铵或钼酸钠水溶液可缓解缺钼症状。

103. 如何防治缺锰症？

锰是植物形成叶绿素及维持叶绿体正常结构所必需的元素，在光合作用中发挥着重要的功能。缺锰初期的症状是新叶黄化，这与缺铁、缺钼时全叶呈淡绿色的症状相似。缺锰情况进一步发展，则叶片变黄，有清楚的网状叶脉和小圆点，这是缺锰的独特症状。严重时，主要叶脉保持暗绿色，而在叶脉间变成黄色，有灼伤，叶片边缘上卷。灼伤呈连贯的放射状横过叶脉而扩大，这与缺铁时叶脉间的灼伤明显不同。缺锰植株根系不发达，开花结实较少，果实较小，但对品质无影响。每亩底施硫酸锰 1 千克，或在出现缺锰症状时，叶面喷施 80～100 毫升/升硫酸锰水溶液可防治缺锰。注意在开花或大量坐果时不要喷施。

104. 草莓盐害有哪些特征?

草莓对盐害非常敏感,灌溉水或土壤中盐分过高、排水不良、过度施用化肥(包括厩肥)或在湿润的叶子上施肥等都可能导致盐害。盐害能使叶片变脆,叶缘变褐变干,在老叶上损失更严重。根部死亡,植株矮小或死亡。受盐分胁迫的草莓对二斑叶螨的形成更敏感。在无明显症状的情况下就可能有严重的产量损失。有时,因施肥造成的盐害在田间具有明显的特征,这与施肥方式有关。因排水不良造成的盐分累积在田间造成局部危害。灌溉水中高浓度的盐分则能使整个田块都受到危害。种植前,对土壤和灌溉水进行测试,土壤盐分过高,则可采取土壤冲洗的办法降低盐分含量,或改用其他方式如高架基质栽培方式进行种植;灌溉水盐分过高,则需要寻找新的灌溉水源。草莓种植需在高有机质、疏松、排灌方便的土壤,因此改善草莓园区的排水系统非常必要,如果需要在浅的黏土层种植草莓,翻整土地可改善排水状况。

105. 草莓水肥一体化技术模式有哪些? 各有哪些优缺点?

草莓水肥一体化技术模式有滴灌施肥技术模式和重力滴灌施肥技术模式。

(1) 滴灌施肥技术模式。 该模式具有显著的节水、节肥、省工、省药、增产、提质和增收等诸多优点,在草莓生产中广泛应用。与常规灌溉施肥相比,一般可节水 50% 左右,节肥 30% 左右。滴灌施肥条件下,灌溉水湿润部分土壤表面,可有效减少土壤水分的无效蒸发,降低日光温室内的湿度,大大降低病虫害发生频率,减少了农药的施用量;滴灌施肥能够及时适量供水、供肥，有利于促进草莓生长，提高草莓产量和改善果实品质。但滴灌过程中由于物理、化学等因素，容易引起灌水器堵塞，降低灌溉的均匀性；滴灌只湿润部分土壤，加之作物的根系有向水性，可能限制根系的发展。当在含盐量高的土壤上进行滴灌或是利用咸水滴灌时，引起盐分积累的可能性较大。同时，滴灌施肥系统一次投资性较大，也限制了滴灌施肥技术的应用。

（2）重力滴灌施肥技术模式。该技术模式除了具有滴灌施肥技术模式的优点外，还具有以下优点。一是无须常规滴灌施肥的加压设备，成本及运行费用低，安装操作和维护简单。二是由于事先将水抽到储水容器中备用，所以灌溉时完全不受机井水压力的限制，有利于解决滴灌系统需要的压力和出水量与机井水泵工作压力不匹配的矛盾。三是上水与灌溉分离，有利于解决小规模分散农户共用同一机井时发生的用水矛盾。但是，由于重力滴灌水压仅为常规滴灌的 1/10 左右（常规滴灌压力为 10 米以上水头），更容易发生滴头堵塞和降低灌溉均匀度。重力滴灌施肥技术模式更加适合一家一户的、种植面积较小的分散式农业生产。

106. 草莓滴灌施肥系统常见问题有哪些，如何解决？

草莓滴灌施肥系统常见的问题有以下几种。

（1）文丘里吸肥器吸肥慢或者不吸肥。主要有以下三个方面的原因造成的。一是安装错误，主要是进出水口方向安装错误。二是水压不足，文丘里施肥器施肥需要一定的压力才能开始工作，一般进水压力达到 0.15 兆帕，进水口、出水口压力差达到 0.15 兆帕才可以吸肥。解决办法为调节阀门、增加水泵压力或是安装加压泵。三是灌溉面积较小。当灌溉面积较小，同时田间滴灌管（带）出水量也较小时，文丘里施肥器刚开始会正常吸肥，然后吸肥速率逐渐降低，直至不吸肥。解决办法为增大灌溉面积。

（2）滴头出水量少或者不出水。这是由于滴头堵塞造成的。造成滴头堵塞的因素可以分为物理因素、化学因素和生物因素三类。物理因素包括灌溉水中含有的泥沙、未溶解的肥料沉淀及其他杂质等。化学因素如有些地区的灌溉水中含有较多的铁或锰，其遇到空气中的氧气后被氧化生成沉淀堵塞滴头，再如水的 pH 和硬度过高的情况下容易产生碳酸钙镁沉淀堵塞滴头。生物因素主要指各种微生物在滴灌管路内滋生成团而堵塞滴头。目前主要采用以下几种方法来防治：一是事先测定水质；如灌溉水的硬度过高或含有较高的铁、锰，则不宜作为滴灌用水，需要使灌溉水经充分沉淀及过滤后再进入滴灌施肥系统；二是使用完全溶于水的肥料或将肥料在其他容器中溶好后取上层没有沉淀的液体进行滴灌施肥；三是适当提高水流量，水流量越大，则越不容易造成堵塞；四是要定期冲洗滴灌管（带）。滴灌系统使用 5 次左右，要放开滴灌管末端堵头进行冲洗，把使用过程中积聚在管内的杂质冲洗出去；五是对于已经完全堵塞的滴头及时更换。

107. **草莓滴灌施肥系统常见错误操作有哪些，如何改正？**

（1）灌溉施肥系统安装。

①错误操作一。安装滴灌管时滴头向下。正确操作：安装滴灌管时滴头应向上，这样可以有效避免土壤进入滴头引起的堵塞。

②错误操作二。安装压差式施肥罐时，进水管较短，位于施肥罐的上部，而出水管较长，位于施肥罐的底部。正确操作：压差式施肥罐安装应遵循"长进短出"，即进水管较长，通到罐底

部，而出水管较短，位于罐的上部。因为刚加入固态肥料时罐底肥料浓度较高且有部分肥料尚未溶解，而罐顶部的肥料浓度相对稳定。

③错误操作三。长期不清洗过滤装置。正确操作：微灌施肥的过滤装置应根据水质和肥料溶解性进行定期清洗，水质差的地区最好每次灌溉施肥后清洗过滤装置。

（2）灌溉施肥操作。

①错误操作一。采用常规沟灌和畦灌的灌溉施肥制度，灌溉和施肥的间隔时间长，每次灌溉施肥量过多。正确操作：微灌施肥应以"少量多次"为原则，将作物根区土壤长期维持在适宜的水分和养分浓度。

②错误操作二。滴灌施肥时，通过肉眼观察土壤表层湿润程度判断灌溉量是否适宜。正确操作：应移除表层土壤，根据作物根系附近的土壤湿润程度来判断灌溉量是否适宜。因为滴灌条件下土壤湿润范围呈"洋葱型"，表层土壤的湿润范围很少，如果根据表层土壤的湿润程度指导灌溉会导致灌溉量过高。

③错误操作三。一开始灌溉即打开施肥装置施肥，灌溉结束后再关闭施肥装置。正确操作：灌溉施肥时应采取"先灌水，再施肥，再灌水"的方法。如果一开始即施肥容易使肥料进入土壤深层，造成浪费。加肥后再灌水的作用是清洗输水管路，降低腐蚀。

④错误操作四。施用不能完全溶解于水的肥料，如农用磷酸氢二铵和颗粒状复合肥等。正确操作：应施用常温下完全溶解于水的肥料。

108. 草莓为什么会出现断茬？

草莓出现断茬，影响草莓的产量和效益。

草莓出现断茬与花芽分化中的环境条件有关。当主芽生长点转变为花芽即第一花房时，主芽部位的叶分化停止，当第一花房之下的叶腋出现第一腋芽时，叶分化再度开始。之后第一腋芽又进一步形成花芽也就是第二花房，从第二花房之下的叶腋处出现第二次腋芽，叶分化开始，以此类推。腋芽上着生的叶数因为环境条件的变化而有所不同。当第一花房分化完成后，如遇不利的环境条件（定植后）如高温、长日照、多氮等，第二花房就不会分化，而反复形成叶芽。如果条件适宜，花芽分化继续进行。叶芽上的叶片数与腋花房的开花期、收获期早晚具有一定的相关性，也就是说，如果第一次腋芽上的叶数较多，则第二花房的开花期、收获期会推迟，形成断茬。反过来，如果腋芽上的叶片数太少，则第二花房与第一花房的开花、收获期会发生重叠，造成植株负担过重而减产，也有可能出现断茬。

草莓促成栽培过程中，光合作用的产物集中于果实，分配给叶片的养分不足，有研究表明，开花后，同化产物的分配比例为：花、果实为 76%，叶片为 18%。会造成叶面积减少，影响进一步的光合作用，植株容易出现疲劳现象，引起断茬。因此，尽可能增加保温开始时的叶面积，采取适期保温、加温，增加光照，及时追肥等措施。植株出现"坐果疲劳"，应尽早将小果或畸形果疏掉。

109. 为什么草莓果上会长叶子？

草莓花芽分化，从营养生长转换为生殖生长，这个过程是不可逆转的，一旦打开了"成花"的开关，细胞开始分裂，就不会逆转为营养生长。但是从整个花器来看，整个花器形成的时间存在很大的差异，生殖生长过程中，若置于氮肥过量或高温条件下，未分化的花器细胞的一部分会变成营养生长，甚至长出畸形果。有时草莓果实上瘦果（种子）着生的部位长出叶子，极端的情况下，整个果实都呈现叶状，被称为"叶状变形果（叶状果）"。栽培过程中，在收获期的植株出现"坐果疲劳"时或长期冷藏的植株上易发生这种情况。因为与果实生长期内的营养和温度的平衡有关，适当加强肥水管理和环境调控，是预防叶状果的有效措施。

在美国，草莓感染紫菀黄化病时，在瘦果上会长出绿叶，花瓣也可能变成淡绿色。

六、草莓套种

110. 草莓套种有哪些优势，需要注意哪些问题？

草莓套种可以充分利用设施空间，提高设施利用率，同时，增加作物种类，丰富采摘品种。

（1）**提高设施利用率，增加产出。**设施内生产草莓，草莓的垄上、温室前脚等地方以及高架栽培模式中草莓架下的空间是草莓套种的良好位置，在垄中央套种洋葱、小型西瓜和鲜食玉米等作物，在前脚套种水果苤蓝、生菜、芹菜等蔬菜，在架下套种平菇、姬菇和杏鲍菇等食用菌种类，利用高架固定安装喷雾系统，架外增加围裙保持一定湿度并遮光，可以满足食用菌的生长。在获得草莓产量的同时，增加套种作物的产出，提高设施的利用效率。

（2）**丰富采摘品种，吸引客户。**草莓套种技术的应用，增加了作物的种类，丰富了采摘品种，给客户选择的空间，成为吸引市民采摘的有效手段。昌平区北京兴寿乡都种植园在架下套种平菇，除了鲜菇采摘销售之外，将适时采收的平菇撕成条晾晒成蘑菇干，作为伴手礼送给客户，受到客户的欢迎。

（3）**为土壤消毒提供有机物料，克服连作障碍。**在草莓垄上套种鲜食玉米，利用玉米根系发达、吸肥量大的特点充分吸收草莓土壤中多余的养分，有效解决土壤盐渍化问题，既提高了产量，又增加了种植效益。同时，玉米穗采收后，将秸秆粉碎，铺在地面上，经过耕翻，与土壤充分混合，作为有机物料，提高土壤消毒效果，克服草莓连作障碍。

草莓套种具有很多优势，但是否选择套种还要根据园区在管理和销售等方面的实际情况来决定。套种过程中，特别要注意草莓和套种作物对环境的需求。

套种与否，首先考虑园区的生产能力，其次是园区的销售能力。在做好草莓生产管理的同时，兼顾套种作物的管理，就可以选择进行套种。不能盲目套种，避免由于人力等方面的不足，影响草莓的生产。园区有接待采摘的基础，拥有一定数量的客户，或者有固定的销售渠道，可以考虑发展套种。套种品种的选择也要考虑市场空间。

套种管理特别要注意协调草莓和套种作物的共生需求，包括温度、湿度和光照，如在套种作物植株比较小的时候，要适当拨开草莓植株，使其通风见光，促进套种作物快速生长。套种作物的定植密度要以不影响客户采摘、不过度给草莓遮阴、不过分增加人工劳动量为标准，初次进行套种，宜稀植，随技术逐渐成熟，适当增加密度。

套种过程中，要密切关注作物的生长，及早发现病虫害，及早防治。特别是套种作物与草莓的共生病虫害，比如洋葱的蓟马危害，小型西瓜的白粉病和红蜘蛛，玉米的蚜虫、红蜘蛛和白粉病等。防治时，优先选用生物药剂和天敌。需要用药时，要以保证草莓的安全为原则。

111. 草莓套种的模式有哪些？

在北京，具有一定规模的套种模式主要有草莓套种洋葱、草莓套种水果茎蓝、草莓套种鲜食玉米和草莓套种小型西瓜4种。

（1）草莓套种洋葱模式。 2016年起，首先由昌平区开始发展草莓套种洋葱高效种植模式，采用集中育苗、免费发放的形式进行示范推广，2017—2018 年，粮经作物产业体系北京市创新团队将此项技术模式在全市推广，两年累计发放洋葱种苗 208.5 万株，示范推广面积 1 208 亩，亩增收 1 537～3 002 元，累计总增收 219.3 万元。

（2）草莓套种水果苤蓝模式。 2017—2018 年度，该模式由北京昌平区开始推广到全市，共发放水果苤蓝种苗 36 万株，示范推广面积 1 246 亩。示范点苤蓝亩产 1 127 千克，平均亩增收 4 700 元，总增收 585.6 万元。

（3）草莓套种鲜食玉米模式。 2011 年，在北京怀柔区圣竹园、房山区周口村、昌平区崔村、丰台区洛平和太子峪等地进行示范，采收的鲜食玉米主要以采摘和礼品菜为主要形式销售，每穗 3～5 元，每亩温室可采收 2 500 穗，平均增收 6 000 元以上。之后各地均有少量种植，2017 年后随着鲜食玉米品种的发展变化，草莓套种鲜食玉米的面积快速发展，2018 年在全市示范推广 600 余亩，亩产 1 300 余穗，亩增收 5 000 余元，总增收 300 余万元。

（4）草莓套种小型西瓜模式。 从 2006 年开始，北京市昌平区兴寿草莓基地首先开展草莓与小型西瓜、甜瓜、黄瓜、西葫芦、番茄等果菜的套种试验，并取得了成功，草莓套种小型西瓜亩增收达 1.05 万元。2009 年，草莓套种小型西瓜的高效种植模式被京郊各区县广泛采用。其中，北京龙乡杰合鹏草莓种植园采用草莓套种小型西瓜模式，亩增收高达 1.56 万元。2016—2018 年，共计示范推广 480 亩，总增收近 400 万元。

在全国草莓产区还有很多套种模式，比如，浙江金华市实施大棚草莓—苦瓜种植模式，草莓亩产量达 1.5～2.0 吨，亩产值 2.5 万～3 万元，苦瓜亩产量 8～10 吨，亩产值 1.5 万～2 万元，取得了产值 4 万～5 万元的效益。

112. 草莓套种洋葱有哪些技术要求？

温室草莓套种洋葱栽培具有诸多优势，比如洋葱叶直立生长，不影响草莓的光照；草莓和洋葱对生长环境要求一致，同属浅根系植物，生长温度在 20～25℃，喜光；草莓和洋葱对钾的需求量高，施肥方面相互补充；草莓洋葱套种，还能增加大棚复种指数，既节约土地，又增加收益；洋葱散发出的特有气味，在一定程度上能起到驱虫作用；洋葱含有丰富的抗菌物质，对土壤中多种病菌有抑制作用；草莓和洋葱鳞茎膨大期的共生期仅 1 个月，不会影响草莓的口感；洋葱从苗期到球茎成熟随时可以采收食用（彩图 15）。

温室草莓套种洋葱，洋葱平均单果重 0.6 千克，最大单果重可达 0.95 千克，每栋温室（50 米×8 米）套种洋葱 3 000 株，整栋温室产洋葱 1.8 吨。按照采摘价格 5 元/千克计算，每栋温室可增收 0.9 万元以上。

（1）品种选择。 紫冠洋葱由北京市农林科学院繁育，中长日照、中熟紫皮类型品种。植株长势强壮，叶片上冲，灰绿色，叶面蜡粉多，葱头球形，外皮紫红色，内部鳞片浅紫色，有鲜亮光泽，平均单球重 380 克以上，品质脆嫩，有甜味。耐抽薹，抗病性强，耐贮存，品质好，亩产量 6.5 吨以上。

（2）育苗管理。 洋葱为绿体春化型作物，鳞茎膨大受光照时数控制，若苗子过大，遇低温通过春化，次年抽薹率增加，影响产量；相反，若苗子过小，达不到日照时数时秧体小，难以长成大球。

套种洋葱育苗时间在 11 月下旬至 12 月初，在日光温室内，采用 128 孔穴盘育苗，每穴播种 3 颗。洋葱种子出苗时间长，需10～14 天。洋葱幼苗生长过程，水分管理极为重要，在"拉弓"和"伸腰"时，绝对不能缺水，否则幼苗容易因缺水而枯死。幼苗全部出齐并放出第一片真叶时，要适当控水蹲苗，以促进根系生长，防止地上部徒长。控水时间 10 天左右，以后根据天气和苗子生长情况，水分管理以见干见湿为原则。当幼苗长出 2 片真叶时，施用 N：P：K 含量 20：20：20 的水溶肥叶面喷施，苗期易发生蓟马危害，要及时预防。

（3）套种定植。 套种洋葱定植期为 1 月下旬至 2 月上旬。定植时淘汰徒长苗、病苗、矮化苗和瘦弱小苗。用直径 1～2 厘米的竹棍在草莓定植畦两行草莓之间扎孔定植，随即用手将湿土按实，定植株距 15～20 厘米，每栋套种洋葱 2 300～3 300 株。定植深度 2～3 厘米，以没过小鳞茎、浇水后不倒秧、不露根为宜。栽植过深不利鳞茎膨大，过浅植株易倒伏。

（4）田间管理。 草莓和洋葱套种对于水分、温度的管理条件几乎一致，洋葱不需要特别的管理，两种作物可以和谐共生。

草莓套种洋葱后，浇水和施肥随草莓水肥管理即可，洋葱缓苗后，温室内平均气温 13～18℃，日照时数从 12 小时增加到 14 小时，适合植株生长。立夏至夏至鳞茎进入膨大期，温室气温为 20～26℃，日照时数超过 14 小时。应及时浇水，一般每隔 7～8 天浇 1 次，不能缺水，否则洋葱鳞茎易变辣。收获前 1 周左右停止浇水，茎叶开始倒伏，进入收获期。若再吸收水分，容易腐烂，同时葱头含水量高，也不利于贮藏。收获期控制水分，应及时晾晒，有助于洋葱鳞茎向休眠期转化，延长休眠期。草莓结果期施用钾肥可提高洋葱的品质，口感甜脆。

（5）病虫害防治。 洋葱和草莓套种病害发生较少，两种作物有共同的虫害蓟马、潜叶蝇等，注意防控。悬挂黄板、蓝板对害虫进行诱杀，可使用 60％乙基多杀菌素（爱绿士）2 000 倍液防治蓟马。

（6）收获。 洋葱的假茎变软，部分植株倒伏，说明达到了收获期。收获时要减少外叶和葱头损伤，及时晾晒，促进提早进入休眠期。待假茎倒伏后带叶收获，采收后晾晒 5～7 天开始贮藏或销售。采摘园区可适时提前采摘销售。

113. 草莓套种水果茎蓝有哪些技术要求？

套种水果茎蓝应选择采收期较长、病虫害少的品种，如克沙克、克利普利等品种，克沙克水果茎蓝表现较为突出，更适宜与草莓进行套种。克沙克水果茎蓝具有晚熟，抗性强，特高产等特点。球茎光滑，平均球重 500～750 克，最大可达 5 千克。甜脆爽口，不易糠心，不易木质化，可长期贮藏。套种水果茎蓝，优势在于可以充分利用空间，增加复种指数，增加单位面积产值。

在草莓种植管理的过程中，使用的高钾肥料正好可以满足水果茎蓝的需求，增加水果茎蓝的甜度，改善口感。水果茎蓝作为一种特色蔬菜，采摘期也较长，从第一年的 12 月一直持续采摘到第二年的 5 月，和草莓的采摘期相一致的时间较长。

为保证产品新鲜、美观，可保留 2～3 片茎蓝心部叶片进行采收。套种的水果茎蓝可分为两种模式进行采收，一种为单球采收，在单球质量达到 1 千克以上即可进行适时采收，一般单球质量达到 1～1.5 千克的水果茎蓝大小比较适合做礼盒销售。继续生长达到 4 千克以上时也不影响品质。可通过控制温度保存，白天的温度控制在 20℃，夜间温度控制在 5～8℃。第二种为茎蓝再生多球采收，可根据需要在采收时不要将茎蓝连根拔起，使用剪刀将茎蓝贴着球茎下部剪断。保留水果茎蓝的根部和根茎上的叶子，使其在土壤中正常生长。从叶腋处会再生出多个茎蓝叶芽，保留 2 个叶芽，其余的叶芽摘除。正常的进行浇水追肥，90天后可以继续采收两个水果茎蓝，单球质量可达到 1～1.5 千克。

草莓套种水果茎蓝采用育苗播种的形式，主要在棚室的前脚进行套种。8 月中旬进行育苗，9 月中旬移栽，株距 40 厘米，每棚温室（50 米×8 米）的前脚可定植 240～300 株。移栽后 60～90

天即可开始成熟收获。每棚可采摘 400～600 千克，增收 1 200 元。

套种水果苤蓝很少发生病害，常见虫害有蚜虫和甘蓝夜蛾，注意做好防治。

114. **温室地栽草莓如何套种栗蘑？**

地栽草莓套种栗蘑有如下优点：一是在地栽草莓后期，在走道隔行覆土栽培栗蘑。充分利用空间，不影响草莓采摘。二是充分利用草莓拉秧后的空闲期进行出菇，提高土地利用率。三是充分利用草莓、栗蘑对温度、湿度、光照、空气的互补。温度：草莓最适宜的温度为 23～26℃，栗蘑最适生长温度 22～26℃；湿度：草莓果实生长期最适湿度为 60%～70%，栗蘑覆土栽培菌丝恢复期，对空气湿度要求不严格，出菇期最适湿度为 85%～95%，二者完全可以互补；光照：草莓生长需要光照，栗蘑出菇期同样需要散射光；空气：草莓进行光合作用吸收二氧化碳释放氧气，栗蘑生长呼出二氧化碳，吸收氧气，二者互补。四是丰富采摘种类，增加农民收益。五是改善土壤物理结构，栗蘑覆土栽培，菌丝可以从土壤中吸收富集的各种养分，增加栗蘑的产量、品质；栗蘑出菇结束后可以结合土壤消毒，将栗蘑的菌糠翻入土壤，可以增加有机质的含量，从而改善土壤物理结构。

具体套种方法。

（1）**整地**。地栽草莓隔行走道进行整理做成栗蘑的栽培畦。一般能并排码放 3 个菌棒宽约 30 厘米，长度依据温室跨度而定，深度约 20 厘米，菌袋覆土后低于草莓栽培垄。适当撒石灰和喷杀虫剂，进行土壤消毒。

（2）**脱袋、码袋**。将菌袋脱去塑料袋，去掉袋口的老菌皮。码放时 3 个并排码放，尽量让上面平整。

（3）**覆土浇水**。菌袋码好后，用经过消毒的细土均匀撒在菌袋上，注意填满菌袋缝隙。覆土厚度 1～1.5 厘米。将草莓垄上的滴灌带移到栗蘑栽培畦上，采用滴灌方式，注意一定要使土壤含水量达到80％以上，个别菌袋有裸露的可以少许补土。

(4) 搭建小弓棚。用竹坯子，每个50厘米插一个小弓，将原来覆盖草莓垄的地膜拉上来对接搭上，作为小弓棚的棚膜，搭建成小弓棚。最好是用黑色地膜，有利于菌丝的恢复。

(5) 出菇管理。一般在3月底时进行菌袋入地，菌袋入地后进入菌丝恢复期。菌丝恢复期结合草莓管理，适时通风换气，并观察覆土层含水量，见干见湿管理。直到菌丝返上覆土层后，浇一次大水诱导菇蕾形成。大约40天形成菇蕾，当菇蕾形成后，撤去小拱棚，草莓已经进入后期拉秧阶段，及时拉秧，清除杂草，并用药剂熏蒸灭虫。也可以用糖醋液诱杀害虫。并安装微喷，控制温度、湿度、氧气、光照等，按栗蘑正常出菇管理。

(6) 采收。栗蘑成熟标准：永久性标志，栗蘑幼时菌盖背面为白色光滑，成熟时，背面形成菌孔。栗蘑采摘以刚形成菌孔为采摘最佳时期。辅助性标志，如栗蘑生长过程中光线充足，菌盖颜色深，能观察到菌盖外沿有一轮白色的小白边，即菌盖的生长点。当生长点界线不明显，边缘稍向内卷时即可采摘。如果管理不当，菌盖颜色浅，则不能参照此标志。

过早、过晚采收，均对产品的产量、质量与菇转潮有影响。实践证明，子实体成熟后如不及时采收，菌孔伸长散发孢子后，栗蘑逐渐木质化变脆，商品价值变低，菇潮次数就会自然减少；过早采摘，影响产量。因此，子实体成熟度达到6～8分时采摘，较为适宜。

115. 高架基质栽培草莓如何套种食用菌？

草莓高架基质栽培，草莓外形美观，品质优良，观光休闲效果突出，取得了较好的社会效益和经济效益。但架下留出很大空间，利用架下空间种植食用菌，可以充分利用温室内的空间，提高土地的利用率，每亩可以增加经济效益4万～5万元。此立体套种模式的两种作物可以实现空间互补、气体互补、光照互补等，从而增产增效，提高生产效率。

（1）食用菌品种选择。可在草莓架下种植的食用菌品种很多，如平菇、杏鲍菇、白灵菇、香菇、元蘑等，可以依据采摘需求及时间合理选择。

（2）食用菌菌棒入棚时间。在草莓栽培槽上覆膜后，即可在架下放置菌棒，保证食用菌生长所需小环境。如果为了与草莓同时采摘，也可以在草莓果实成熟前7～30天进棚，经过温差、振动、水分等刺激，可以实现在草莓成熟时采收食用菌。

（3）种植管理。菌棒入棚前，在架下地面上码放一层砖或覆盖一层地膜或地布，菌棒在砖上水平或直立码放，也可以用专用的栽培筐立式码放，根据架下空间，码放2～3层。食用菌出菇需要的温度为5～30℃、湿度为85%左右、光照需要散射光强度为200～800勒克斯。草莓开花结果期需要白天温度保持在23～25℃，夜里温度不低于6℃，这个温度可以基本满足食用菌的生长。为促进草莓花药的开放，棚室内的空气湿度应尽可能降低，利用地膜覆盖栽培槽，并拖到离地面5～8厘米处，将整个架子包裹住，架下形成独立空间。在架下安装喷雾设备，每日喷雾2～3次，可以满足正常出菇所需湿度。

（4）注意事项。菌棒入棚前，应在专门的发菌棚内发满菌，使菌丝达到生理成熟，入棚7～20天即可出菇，避免菌丝未发满进棚后发菌导致菌棒污染。喷水时尽量避免喷在子实体上。在中午给草莓放风时，也可以同时撩起覆盖栽培槽的地膜，适当给食用菌通风换气。食用菌在7～8成熟时，及时采收，以免成熟过度影响品质。

116. 如何在草莓中套种鲜食玉米？

设施草莓套种鲜食玉米是一种充分利用草莓种植间隔，增加单位产出和收益的种植方式。因草莓种植肥料管理条件较好，鲜食玉米养分供应可以有充足保证。在草莓采收后期鲜食玉米还可以起到遮阴降温的效果。但鲜食玉米设施反季节种植不同于普通露地种植，以下几个技术环节需要注意（彩图 16）。

（1）品种选择。 设施草莓套种鲜食玉米，应选用生育期较短、品质较好、抗病性好、株高较矮的鲜食玉米品种，可选用京白甜 456、BMB380、京科甜 608、美珍 204 等。

（2）育苗移栽。 因积温有限，推荐使用育苗移栽技术种植，每年 2 月初开始，可采用 50 孔育苗盘，育苗基质以草炭、蛭石和商品有机肥按体积 1∶1∶1 的比例混合，基质浇透水，待水渗下后播种，每穴 1～2 粒，人工点籽，覆土厚度为 1.5～2.0 厘米，最低温度不低于 12℃，待小苗三叶一心时定植。

（3）人工定植。 3 月上旬，苗龄 20～30 天，达到 2 展叶后，将玉米苗从育苗盘中小心取出，带坨定植在草莓垄中央，株距为 30 厘米左右，定植后及时进行滴灌浇水。

（4）田间管理。 套种玉米常发生玉米螟和蚜虫危害，玉米螟防治可用白僵菌颗粒剂施入心叶喇叭口中杀幼虫；蚜虫防治可采用 10% 吡虫啉可湿性粉剂 50～100 克加水 40～50 千克喷雾。特别注意红蜘蛛的危害，做到及早发现，及早防治。美珍 204 品种在种植过程中存在抽雄早及分蘖多的现象，植株长到 80 厘米左右即出现抽雄现象，且在肥力充足的地方，分蘖多。抽雄早及分蘖属于正常现象，掰掉即可。

（5）辅助授粉。 玉米为风媒作物，因温室内通风条件较露地种植差，为避免授粉不良，吐丝后推荐采取辅助授粉，可人工轻微晃动或敲打植株，帮助花粉散落。一般可在晴天上午 9～11 时或下午 2～3 时进行，连续 3～4 天。

（6）适时采收。 在玉米果穗到达乳熟后期、籽粒含水率达到 67%～71% 时采收。一般在适宜温度下，授粉后 25～30 天即可采收。美珍 204 属于鲜食玉米品种，采收后要及时食用，超过 8 小时可能对口感有影响。

117. 如何在草莓中套种西瓜、甜瓜？

为了提高日光温室的利用率，增加收入，从 2006 年开始，北京市昌平区兴寿草莓基地首先开展草莓与小型西瓜、甜瓜、黄瓜、西葫芦、番茄等果菜的套种试验，并取得了成功，草莓套种小型西瓜亩增收达 1.05 万元。

（1）套种西瓜。

①西瓜品种。与草莓套种的西瓜品种宜选择结果性强、早熟的小型西瓜品种，如红小帅、黄小帅、超越梦想等。红小帅为极早熟小型西瓜，全生育期 80 天，成熟期 26 天，低温生长性好，果实椭圆形，外观美丽有光泽，易坐果，果实整齐度好，单瓜重 1.5～2.0 千克，果肉红色，爽口多汁，中心含糖量 13% 以上，风味极佳。可连续坐果，分期采收。黄小帅为极早熟小型黄肉西瓜品种。全生育期 85 天，果实发育期 26～28 天，生长稳健，结果力强，抗病，适宜保护地和露地栽培。果实圆形，整齐美观，单果重 1～1.5 千克。果肉晶黄色，中心含糖量 12%～14%，口感好，风味佳。超越梦想为极早熟小型高档西瓜品种，全生育期 80 天，成熟期 26～28 天，低温生长性好，果实椭圆形，条带细，外观美丽有光泽，极易坐果，果实整齐度好，单瓜重 2～2.5 千克，果肉大红色，肉质酥脆，皮薄且韧，不裂瓜，中心含糖量 14% 左右，纤维少，风味极佳。

②西瓜定植时间。西瓜生长的适宜温度为 24～30℃，草莓开花结果期的适宜温度为 22～25℃，如果过早种植，因温室温

度不能达到西瓜生长所需最佳温度，西瓜生长缓慢，可以在1月底至2月初播种，2月底至3月初定植小型西瓜。

③田间管理。西瓜苗单行定植在草莓畦的中央，株距50厘米，每行种10～12株。每亩定植小型西瓜1 250株左右。定植时浇好定植水，之后可随草莓的田间管理，不用单独针对西瓜进行追肥。当瓜秧长至30厘米时，用塑料绳吊蔓。可单蔓整枝或双蔓整枝。从主蔓第2朵雌花开始留瓜，人工授粉，一株留两个瓜。授粉后26～28天果实成熟，开始陆续采收。

④草莓套种薄皮甜瓜是一种高产高效种植模式，该模式每亩日光温室可生产薄皮甜瓜2 000千克，比单一茬草莓可增收5 000元。

（2）套种甜瓜。

①甜瓜品种。选择早熟、丰产、抗逆性强的薄皮甜瓜品种，如京蜜11号、蜜脆香园等。京蜜11号为早熟、杂交一代薄皮甜瓜品种，长势强健，丰产、稳产。正常气候条件下，从开花到果实成熟需30天左右。果实梨形，成熟时玉白色，外观艳丽光洁，果肉白色，肉厚腔小。单瓜重0.45～0.5千克，大者可达0.9千克，含糖量14%～16%，肉质细腻，甜脆适口，风味纯正，口感极佳。不脱蒂，不裂瓜，子蔓、孙蔓均可坐果。抗病、耐湿、耐低温，适合春、秋保护地种植。密脆香园为极早熟薄皮甜瓜品种，出苗至采收需55天左右，果实梨形，外形美观，肉质细腻，脆甜甘香，含糖量13%～15%。果实均匀整齐，耐贮运。单瓜重0.35～0.4千克，一般单株坐瓜4～5个，每亩产量可达3吨以上。

②甜瓜定植时间。甜瓜生长的适宜温度为25～30℃，草莓开花结果期的适宜温度为22～25℃，如果过早种植，因温室温度不能达到甜瓜生长所需最佳温度，甜瓜生长缓慢，可以在2月上中旬播种，3月上中旬定植。

③田间管理。甜瓜苗单行定植在草莓畦的中央，株距50厘米，每行种10～12株。每亩定植薄皮甜瓜1 250株左右。甜瓜

定植后，浇好定植水，之后可结合草莓的田间管理进行，一般不用单独针对甜瓜进行追肥。当瓜秧长至 30 厘米时，用塑料绳吊蔓。采用单蔓整枝，主蔓不摘心，选中部 10～15 节的子蔓作结果预备蔓，其他子蔓及时摘除。主蔓 25～30 片叶打顶。采用人工授粉、放蜂或生长调节剂，提高坐果率。一株留 4～5 个瓜。

118. 草莓套种葡萄，如何管理？

葡萄定植在温室前脚，东西方向，采用棚架栽培模式；草莓定植在温室中间，南北方向，采用土壤起垄栽培、高架基质栽培、半基质栽培或基质槽栽培模式，按照温室草莓常规栽培管理进行（彩图 17）。

草莓葡萄套种的优势在于在草莓温室前脚栽植葡萄，形成草莓与葡萄立体栽培模式。实现一年两收，显著提高温室的利用率。投入小、利润高，由于温室葡萄比露地葡萄早上市 2 个月左右，市场销售价格高，经济效益好，从而显著增加单位温室经济效益。

草莓与葡萄套种模式下，草莓管理在每年 8 月底至次年 5 月，而葡萄管理在 2～7 月。前期 8 月底至 3 月以草莓管理为主，葡萄正值落叶休眠期，2 月打破休眠刚开始萌芽，不影响草莓的生长。直到 4 月葡萄爬满架，草莓进入管理末期，这期间的棚室管理以葡萄为主，后期草莓可逐渐拉秧清棚。

草莓病虫害以白粉病、灰霉病、炭疽病、蚜虫、红蜘蛛为主；葡萄病虫害以霜霉病、蚜虫、红蜘蛛为主。

（1）品种选择。 品种选择是温室葡萄促成栽培成功的根本，一是，选择需冷量小的中早熟品种能提早上市；二是选择果粒大、色泽好、口感香甜的品种；三是选择抗病强、产量高的品种。推荐 8 个品种，早熟品种：红旗特早、无核翠宝、早黑宝、金田玫瑰、无核红提；中熟品种：巨玫瑰、醉金香；中晚熟品种：玫瑰香。

(2) 葡萄定植前准备。葡萄是喜肥喜水作物，定植前准备是温室葡萄促成栽培成功的基础。

①开沟施肥。在温室前脚距 20 厘米处，开深沟，沟宽 80～100 厘米，沟深 50～70 厘米，沟长随温室长度而定。

②沟内施足底肥。沟底先铺秸秆 20 厘米，随后施腐熟优质有机肥（鸡粪、牛马粪）3 吨与土混匀，撒辛硫磷颗粒剂防治地下害虫，在距地面 20 厘米回填活土。

③浇水。沟填好后及时浇足水，次日再填平浇水，使沟填实。

(3) 葡萄定植技术。

①葡萄定植时间。葡萄一年有两次定植时期，第一次定植时间在 3 月下旬至 4 月上旬为春季定植；第二次定植时间在 10 月下旬至 11 月上旬为冬季定植。

②葡萄苗选择与处理。选根茎健壮、穗芽饱满、无病虫害的葡萄苗；定植前剪去一半根系，用清水浸泡 12～24 小时或用 50 毫克/千克 ABT 3 号生根粉浸泡 30 分钟，后用石硫合剂全株消毒。

③定植方法。在距温室前脚 50～70 厘米定植沟内定植葡萄苗，株距 80～100 厘米。定植后及时浇足水，葡萄缓苗后及时中耕松土，盖地膜保墒增温，注意见干见湿。

④构建棚架。南为立架面；距葡萄定植株北侧 30 厘米，自地面起，每隔 50 厘米拉一东西向镀锌铁丝，立架面一般 3～4 道，最高距棚膜面 50 厘米，两端固定于东、西墙体上，每隔 5 米左右可设一立柱或不设立柱，如棚钢架牢固以及葡萄生长年份短，可不设立柱；棚架面铁丝两端固定于棚室山墙上，中间利用钢架吊直铁丝，间距 5 米左右（避免吊在同一钢架上）。

(4) 葡萄整形修剪。树形采取龙干形，即每株留一条主蔓，主蔓上采取短梢修剪，主蔓上自地面 50～80 厘米开始，每隔

20～30厘米着生一个结果枝组，每个枝组上着生1～2个短梢结果母枝。

①定植当年枝蔓管理。定植当年，苗木上所发新梢选留一根强壮的，其他抹除；当新梢长至1米左右时，进行摘心，留个副梢继续延伸，其余副梢从基部抹除或单芽断后；当新梢长至2.5米左右时，进行二次摘心，先端留2～3个副梢，反复摘心，其他副梢抹除或单芽断后。

②第二年及以后管理。

A. 冬剪。第一次冬剪在草莓成活后，葡萄除主蔓顶芽外，对每个枝条留2～3个芽短剪，为草莓生长提供良好的通风透光条件。第二次冬剪时间在11月上旬，回缩延长蔓至棚架北端第三条铁丝处，及时摘掉全部叶片，使主蔓成为一根鱼骨刺。

B. 打破休眠。为了葡萄提早萌动，发芽一致，早上市。一般在每年12月上中旬，用石灰氮溶液涂抹芽眼。具体做法是：配制石灰氮：水＝1：5浓度溶液，浸泡24小时搅拌均匀；将浑浊液用毛刷均匀涂抹葡萄芽眼，注意顶端两个芽眼不涂抹，其余芽眼全部涂抹；芽眼涂抹后及时增加温室湿度。

C. 生长季修剪。包括定稍、绑枝、去卷须、摘心及副梢处理。

a. 定梢。冬芽萌发后，待新梢长至10厘米左右时，抹除主蔓上过密新梢及无穗新梢，使同侧每隔20～30厘米留一结果枝，主蔓先端第2～3个芽上所发新梢留作预留延长蔓，其上果穗摘除，以利下一年度生长发育及结果。

b. 绑枝及去卷须。当结果枝或新梢长至铁丝附近时，及时进行绑枝。在整个生长期都要及时去卷须。

c. 摘心及副梢处理。

果枝：果穗以上6片叶左右摘心。摘心后副梢开始生长，将果穗下副梢全部摘除，果穗以上副梢留2片叶再摘心。再摘心后的副梢又发生二次副梢，对二次副梢或以后发出的三次副梢继续采用同法摘心。

营养枝：一般发育枝留 10 片叶左右摘心，保留 1～2 个副梢，每一副梢留 2～3 片叶，反复摘心；其余副梢均从基部抹除。

预留延长蔓：于第一次摘心后留一副梢继续延长，长至 2 米左右时，摘心控长，以后先端所发副梢留 2～3 片叶，反复摘心。

（5）葡萄肥水管理。

①底肥。在 8 月上旬以有机肥为主，每栋（50 米长）2 吨沟施肥，耕翻整平后浇足水。

②追肥。一般 2～3 次，采用环形追施法。分为葡萄萌芽期、促花期和幼果膨大初期，前两次追施氮磷钾复合肥 100～200 克/株，第三次追施钾肥 50～100 克/株。果实着色期，用 0.2%～0.3% 磷酸二氢钾叶面喷肥 2～3 次。

（6）葡萄花果管理。

①定产疏序。花序抽生后，根据单株花序数及单株预计产量，对过多的花序及细弱花序抹除；根据品种不同，一般单株留穗 20～25 个，单株产量不超过 20 千克。

②果枝管理。开花前，对结果枝，于花序前 6～8 片叶部位进行摘心，并控制旺长，促进开花坐果及果实生长发育。

③花序整理。开花前 7 天左右，先将花序上的副穗掐去，再根据花序大小，把主穗上的大分支掐去 2～3 个，并将主穗穗尖掐去 1/5～1/4，促进坐果。

④整穗疏粒。坐果后，对抽生过长的副穗进行修整，使整个果穗呈倒圆锥形；当果粒达到黄豆大小时进行疏粒，首先疏去病、残、小粒，横生、逆生果粒，单穗留粒量一般 60～80 个，以果实发育后期果粒密度不挤为度。

⑤果穗套袋及摘袋。整穗疏粒结束后，为避免温室北部风口下，因雨造成果实病害发生及裂果，于喷药后及时进行套袋。于果实成熟前 10 天左右，将果袋摘除，促进着色及果实品质的提高（袋内着色好的品种及黄绿色品种可不摘袋，直接带袋采收）。

（7）**温湿度调控。**草莓葡萄套种，前期管理以草莓为主，后期以葡萄为主。葡萄催芽期在 2 月中下旬，抽穗至开花期在 3～4 月份，果实成熟期在 6 月初至 7 月。

①温度调控。催芽期：第一周白天保持 20℃左右，夜间 5～10℃，一周后白天升温到 20～25℃。花前生长期：白天温度控制在 25～28℃；夜间保持在 15℃左右。花期：白天温度控制在 28℃左右；夜间保持 16～18℃。果实膨大期：白天可保持在 25～28℃；夜间可保持在 18～20℃。着色成熟期：白天温度 28～30℃；夜间应在 15℃左右。

②湿度调控。湿度控制在 50%～60%。

③光的调控。为增加室内光照，棚膜应选用无滴膜，并保持棚面清洁。

④气的调控。在不影响温度的情况下，要时常打开通风窗通风换气。温室内补充二氧化碳。

（8）**病虫害防治。**葡萄萌动时，使用广谱性杀菌剂预防病害，连续使用 3 次。不同种农药交替使用，避免产生抗药性。如有虫害时，可加相应的杀虫剂。

七、草莓畸形果预防

119. **草莓畸形果的形成原因有哪些？**

　　草莓在生长过程中，会受到温度、湿度、光照和水分等环境条件的胁迫和农事操作的影响，出现果实变形和着色异常，这样的果实统称为畸形果。而果实的形状、大小、颜色等外观指标是果实经济指标中非常重要的组成部分，因此，畸形果的产生影响草莓的产量和品质，大大降低了草莓的商品价值。在生产过程中，要尽可能保持草莓生长所需环境条件，针对性地进行预防和管理。

　　造成草莓果实畸形的因素很多，主要与品种遗传型、花在花序上的位置、雄蕊和雌蕊的数量和质量以及种子数量与分布有关。秋冬季低温和霜冻、秋季定植过早、春季晚霜危害、光照不足、缺乏硼锌等微量元素、灌水量不足、病虫危害及农药使用不当等，均会导致果实畸形。

　　(1) 花的发育。据调查，在一个花序中不同级次花的雌雄器官发育质量不同，一般低级次花雄蕊分化质量差，易出现雄性不稔；高级次花雌蕊分化质量差，易出现雌性不稔，但前者只要有良好的花粉授粉就可正常发育，而后者却不能坐果或坐果不良。一般一级序花正常果可达90%以上，畸形果只有5%左右，不坐果的很少；二级序花一般正常果为80%～90%，畸形果占5%～15%，不坐果的占5%左右；三级序花正常果一般仅有60%～70%，畸形果和不坐果的各占15%～20%。

　　同一花序不同级次花的花粉活力也有变化。具有发芽力的花粉为稔性花粉，而不能发芽的花粉为不稔花粉，品种间花粉稔性存在着差异。对不同品种不同级次花的花粉稔性的调查结果显示，一级花的花粉稔性平均为 43.2%，二级花为 38.3%，三级花为 34.2%，级次越高稔性越低。花粉稔性与亲缘关系有关，还受到环境因素的影响，低温、少日照会使稔性降低。同时，高序位花的雌蕊数和果实的种子数也较少，雌蕊发育不充分可导致果实畸形。

（2）**种子数量和分布。**草莓是花托构成果实的可食部分（假果），而种子（瘦果）呈轮状分布在果实表面。如果种子分布均匀，即使发育好的种子数量少也可长出正常的果形。但是，如果种子分布不匀，需要 70%～80% 雌蕊充分受精，才能保证果形正常。种子发育也影响果实的大小。高序位果一般都较小，这与高序位花几乎无种子有一定关系。

（3）**定植方式与时间。**露地栽培的草莓，秋冬季的低温和霜冻可能伤害发育着的花序，受冻的花序在春季就很难从新茎中抽出。采用日光温室和塑料大棚进行反季节生产草莓，低温量不足也会导致雄蕊和花粉质量降低，畸形果明显增加。因此，必须根据品种的需冷要求满足其需冷量，才可使畸形果降至最低。

秋季定植早晚与草莓畸形果的发生也有密切关系。如定植太早，植株正处于花芽分化的不稳定期，移栽断根容易引起畸形果，影响产量和品质。而适期定植的断根不会影响草莓花芽分化。如果定植过迟，应加强肥水管理，促进成活。春季霜害是果实发育不良、出现畸形果的主要原因。雌蕊和雄蕊均可能受霜冻危害，导致畸形果；如果全部雌蕊受冻，果实就会终止发育。

（4）**环境条件。**草莓具有很强的耐高温性，40℃时没有受害表现，短时间处在 45℃ 以上的温度条件下，高温对畸形果发生的影响不大。50℃ 以上的短时间高温，茎叶、花蕾、幼果等均会遭受伤害。低温对畸形果的影响比高温明显得多，调查发现，花后 20 天以上的大果经 5 小时－5℃ 的低温后，果实呈水渍状；花后 7～20 天的中果在 1 小时－2℃ 的处理下发育停止；花后 7 天以内的小果经 3 小时－2℃ 或 1 小时－5℃ 后果实变黑；处在开放状态的花及花前 2～3 天的大花蕾在遭遇 1 小时－2℃ 的低温时雌蕊变黑；花前 4～8 天中等程度的花蕾经 1 小时－2℃ 低温处理后，花粉的发芽受到阻碍；而花前 9 天以上的小花蕾没有受害。因此，开花前后的花器即使遭受短时间的低温也极易形成伤害，发生畸形果。0℃ 以下的低温易使花粉发芽受阻，且影响昆虫活动，易产生畸形果。一般而言，较高温度有利于授粉，可减少畸形果比率。

不适合的湿度条件也是造成畸形果的原因之一。在促成栽培条件下，如果温室或大棚密闭、内部湿度过高、花药的开裂就会受到抑制、花粉不易飞散、畸形果增加，因此，应注意棚室内的通风换气。

在花期遇雨、风沙等情况下，均会产生畸形果。

（5）**营养与水分供应。** 营养状况全年都影响果实品质和果形。缺硼时可能导致雄蕊发育不充分，而使得果实出现畸形。磷和钙能改善雄蕊的质量。缺锌和锌毒害均能造成果实发育不良并减产。草莓对肥料需要量大，对肥料也很敏感，但如果基肥施用量过大，特别是现蕾至开花期过量追施尿素等氮素肥料，就会促使草莓营养生长过于旺盛，分化的花芽中，壮芽少，弱芽多，由于营养要素失去平衡，致使浆果发育差，畸形果多。氮肥过多也是造成草莓早期乱形果的原因之一。

土壤水分的多少与畸形果发生也有一定关系。一方面灌水次数多，灌水量大，温室内湿度增加，畸形果增加；另一方面，土壤过度干燥又是引起畸形果比例大幅度提高的重要原因；适时、适度浇水，畸形果比例减少。草莓在不同生育期对水的需求不同，定植时需要浇足水，开花、坐果时则需要更多的水，如果此时水分不足，就会引起花器发育不良，授粉受精不完全，导致果实不能均匀膨大，畸形果量显著增加。

（6）**病虫的侵害**。病虫的侵害对草莓果实的生长不利。被病毒侵染的草莓植株生长缓慢、矮小，叶片皱缩，果实小、畸形，品质劣，口感差，产量下降。被螨类侵害的幼果，表面呈黄褐色，粗糙，果实僵硬，膨大后表皮龟裂，种子裸露。蓟马取食危害草莓花蕊、花瓣，可造成授粉不良，果实畸形。严重时花蕊变黑褐色，花蕾枯萎不能结果。

（7）**辅助授粉不利**。蜜蜂是草莓的重要传粉媒介，为草莓授粉既可增加其果重，又可降低畸形果比例。在试验条件下，未用昆虫授粉的草莓畸形果率增加。温室环境条件不适宜蜜蜂活动、药剂的不当使用造成的蜜蜂生活力下降或死亡及饲喂保护不到位等，都直接影响蜜蜂辅助授粉的质量，授粉不利造成畸形果率增加。

（8）**农药的使用**。施药时期不当会增加草莓畸形果的发生率。如果在开花坐果期喷药，给花粉发芽和蜜蜂活动带来不利的影响，伤害花或幼果，增加畸形果的比例。农药的种类也影响畸形果发生率。

120. 怎样合理用药预防畸形果？

农药喷施时期不当，或用药量大都将加重畸形果的发生，为了降低畸形果率，提升果实品质，保证果品安全，草莓生产中应加强病虫害的预防工作，采用以农业防治为主的综合措施，尽量不用药或少用药。若病虫害较严重，则应注意在花前或花后用药。草莓一旦进入开花期，花期将持续一段时间，因此，要在开花前彻底根除病虫害。如果花期必须用药，应尽量选择开花数较少的时期，用药害较小的药剂，优先选择粉尘法或烟熏法；如果必须在果期用药，应先摘果，后施药。用药前将蜂箱移出棚室，喷药后一周左右再移回来。

121. 怎样合理施肥预防畸形果？

首先是了解草莓园区土壤的肥力状况，取土测定土壤有机质和氮、磷、钾、铁、钙等元素的含量，测定土壤 pH 和 EC 值。摸清土壤基本状况后，制定施肥计划。要科学配方施肥，做到有机肥与无机肥相结合，并做到适氮重磷钾，遵循少量多次的原则。在草莓生长过程中，要经常观察草莓的长势，根据实际情况及时补充微量元素。

由于种植年限、种植品种和管理技术特别是水肥管理措施等的不同，不同地区、不同棚室的土壤肥力状况不同。

对济南市设施草莓土壤进行取样调查，结果表明，济南市棚栽草莓土壤基础地力不均衡，氮磷钾元素含量有所富集，铁锰铜锌微量元素含量极不平衡，草莓养分供应不均衡、产量差异较大。随着草莓连作年限的加长，土壤 pH 有所下降，但未出现大面积酸化现象；各种肥料的施用使土壤的含盐量有上升趋势，连作 10 年以上的土壤，80% 以上土壤含盐量高于 2 克/千克，种植 17 年的土壤含盐量达到 2.3 克/千克，达到中度盐化状态。有效数值波动大，各基地间差异很大。

北京市昌平区设施草莓土壤 EC 值平均值增长迅速，部分设施草莓出现缓苗慢和死苗现象。对设施草莓土壤检测结果表明，2013—2015 年，土壤 EC 值平均值分别为 0.31 毫西/厘米、0.46 毫西/厘米、0.49 毫西/厘米。2015 年度已经接近草莓生长不理想值。4～5 年棚龄的草莓棚土壤 EC 值达到 0.5～0.55 毫西/厘米，10 年棚龄的草莓棚达到 0.85～1.1 毫西/厘米。2015 年，昌平区设施草莓土壤 EC≥1.0 毫西/厘米的棚数占当年检测总数的 10.5%。对①土壤麦秸翻压后日光高温消毒、②种植填闲玉米，翻压后日光高温消毒、③在草莓垄间套种鲜食玉米和④在草莓定植后施用土壤改良剂四种除盐方式进行试验，结果显示，土壤

EC>0.8 毫西/厘米的草莓棚建议应用麦秸翻压处理方式，可大幅度降低土壤 EC 值，但综合成本相对较高。土壤 EC 值为 0.5～0.8 毫西/厘米的草莓棚建议应用揭膜填闲处理方式，或保留棚膜填闲处理方式保持土壤 EC 值处于理想水平。套种玉米及土壤改良剂适用于土壤 EC 值为 0.5～0.8 毫西/厘米的棚闲期未做土壤除盐的草莓棚，在草莓种植的同时改善土壤 EC 值状况。

按照昌平区取土测定的结果，进行土壤养分分级（表 1 至表 3），针对不同养分级别，昌平区土肥工作站提出土壤施肥建议。高肥力水平：施肥基本无效，易发生肥害。基肥施有机肥 1 250 千克/亩，减少或不施化肥，中后期常规追肥。测土补充较低的元素，平衡施用氮磷钾。监测 EC 值，防止次生盐渍化发生。中肥力水平：施肥有效，常规追肥，测土补充较低的元素，平衡施用氮磷钾。基施有机肥 1 667 千克/亩。无机肥施氮磷钾含量为 15 - 15 - 15 的三元复合肥 17 千克/亩，常规追肥。低肥力水平：施肥有效。施有机肥 3 333 千克/亩；无机肥施氮磷钾含量为 15 - 15 - 15 的三元复合肥 25 千克/亩，常规追肥。如果速效磷为高肥力水平，应施用低磷配方的复合肥（专用肥），如配方为 15 - 15 - 15 的改为 20 - 5 - 20 的复合肥；并降低复合肥浓度，如 15 - 5 - 15 的复合肥。有机肥应降低鸡粪比例，改为以牛粪为主。如果有效磷处于低肥力，可增加过磷酸钙 42～83 千克/亩。如果有效钾处于低肥力，可增加硫酸钾肥 8.3～17 千克/亩。

表 1　北京市土壤养分指标评分规则

项目	单位	评分规则	评分规则	评分规则	评分规则	评分规则
养分指标	评分（F）	极高	高	中	低-很低	极低
有机质	克/千克	≥25.00	25.00～20.00	20.00～15.00	15.00～10.00	<10.00
	分值	100	80	60	40	20
全氮（N）	克/千克	≥1.20	1.20～1.00	1.00～0.80	0.80～0.65	<0.65
	分值	100	80	60	40	20

（续）

项目	单位	评分规则	评分规则	评分规则	评分规则	评分规则
养分指标	评分（F）	极高	高	中	低-很低	极低
碱解氮 (N)	毫克/千克 分值	≥120.00 100	100.00～90.00 80	90.00～60.00 60	60.00～45.00 40	<45.00 20
有效磷 (P)	毫克/千克 分值	≥90.00 100	90.00～60.00 80	60.00～30.00 60	30.00～15.00 40	<15.00 20
有效钾 (K)	毫克/千克 分值	≥155.00 100	155.00～125.00 80	125.00～100.00 60	100.00～70.00 40	<70.00 20

注：各指标数值分级区间的分界点包含关系均为下（限）含上（限）不含，例如有机质"高"等级中，"25.00～20.00"表示"≥20.00，且<25.00的区间值"，其他类同。

表 2　北京市土壤养分指标权重

项　　目	权重（W）
有机质	0.30
全氮（N）或碱解氮（N）	0.25
有效磷（P）	0.25
有效钾（K）	0.20
合计	1.00

表 3　北京市土壤养分等级划分规划

等　　级	综合指数（I）
极高	100～95
高	95～75
中	75～50
低	50～30
极低	30～0

注：①综合评分数值分级区间的分界点包含关系均为下（限）含上（限）不含，如有"高"等级中，"95～75"表示"≥75，且<95的区间值"，其他类同。

②表1-3摘自《北京市测土配方项目实施区县土壤养分状况分析与评价》。

122. 常见畸形果种类有哪些？如何防治？

（1）**乱形果。**顶端产生鸡冠果或双子果的乱形果。其产生原因是：氮素施用过多或缺硼，生长点中植物生长素含量高，花芽分化前生长点呈带状扩大，花芽分化时两朵花或两朵以上的花同时分化，现蕾时伸出2～3枝花梗同时开放，就形成鸡冠果或双子果等。防治方法：适当控制氮素营养，增施硼肥，特别在花芽分化前30天左右，不宜追施氮素肥料。

（2）**不受精畸形果。**部分果面上没有受精发育的种子，其周围的果肉不膨大，果面凹陷成畸形果或凹凸果。发生原因：35℃以上的高温或0℃以下的低温使花粉发芽受阻，且授粉不良。此外，花期喷药不当，有些农药对花粉发育也有影响。防治方法：开花期防高温和低温，使白天温度控制在23～25℃，夜间温度5℃以上。同时控制棚内湿度。放养蜜蜂传粉，花期尽量少喷洒农药，若喷洒农药，应选择对蜜蜂无毒或毒性小的农药种类。

（3）**顶端软质果。**果实顶端不着色，呈透明状。大棚草莓12月至次年2月最易发生。发生原因：田间的光照条件差、湿度大、结果期的温度低等环境条件都会造成顶端软质果。防治方法：适宜合理密植，经常摘除老叶和疏除腋芽，保持良好的光照条件；结果期白天温度保持在23～25℃，夜间5℃以上；注意控制土壤水分和棚内湿度。

（4）**青顶果。**青顶果是下部成熟变红，而上部尖端未成熟，仍然发青的草莓果实。青顶果的发生，降低了果实品质，推迟采摘期，影响上市。草莓植株出现旺长趋势，枝叶繁密，再遇持续的阴天，光照不足，容易发生青顶果现象。因此，在管理上要防止草莓植株徒长，及时摘除老化枝叶，促使植株通风透光，同时在保持温室内温度的情况下，尽量早揭晚盖棉被，延长光照时间，防止青顶果的发生。

（5）种子浮出果。草莓的种子大部分凸出浆果表面，且果形偏小。发生的原因：浆果发育过程中，遇高温干旱，生长发育受抑制，果形变小；从青果期至着色前，由于土壤缺水，浆果不能充分膨大。防治方法：合理密植，促进根系发育；高温干旱及时补水；开花结果多的及时疏除一些弱势蕾。

八、草莓采后包装贮藏

123. *如何确定草莓是否成熟？*

确定草莓采收成熟度的最重要指标是果面着色程度，也就是着色面积。草莓在成熟过程中果皮红色由浅变深，着色范围由小变大。生产上可以以此作为确定采收成熟度的标准，根据品种果实硬度、货架期、口感和销售方式等不同，分别在果面着色达70％、80％、90％时采收。对于果皮为白色或粉色的特色品种来说，当果皮颜色转变为白色、白色略带粉色或粉色时即为成熟。着色首先从受光一面开始，而后是侧面，随后背光一面也着色，有些品种背光一面不易着色。直至果肉内部也着色，即完成成熟过程。此外，还可通过观察果实硬度确定草莓采收时期，果实成熟时浆果由硬变软，并散发出诱人的草莓香气，表明果实已完全成熟，采收应在果实刚软时进行。

果实的生长天数也可作为确定采收时期的参考指标，但由于草莓果实成熟天数是以积温计算的，不同采收时期气温不同，果实成熟所需天数也不同，因此生产上较难用果实生长天数作为采收指标。

另外，果实内部化学成分也随着果实的发育、成熟逐渐发生着变化。果实在绿色和白色时没有花青素，果实开始着色后，花青素急剧增加；随着果实的成熟，含糖量增加，而含酸量减少；草莓中维生素 C 的含量较高，每 100 克约含 80 毫克，但未成熟的果实中维生素 C 含量较少，随着果实的成熟含量增高，安全成熟时含量最高，而过熟的果实中维生素 C 的含量又减少了。

124. 如何确定草莓的适宜采收期？

草莓适宜的采收期要依据品种性状、温度环境、果实用途等因素综合考虑。

根据品种特性确定采收期。欧美品种较日系品种果实一般偏硬，多属硬肉型品种，最好在果实接近全红时采收，才能达到该品种应有的品质跟风味。

根据温度环境确定采收期。草莓开花至成熟所需的天数，温度起到主要决定作用。温度高，所需时间短，反之则时间长。在促成栽培条件下，10 月中下旬开花的，大约 30 天成熟，12 月上旬开花的，果实发育期较长，约需 50 天；5 月成熟天数只需 25 天。对于促成栽培的草莓，由于其大部分果实的采收期在寒冷的冬季，12 月至次年 3 月中下旬，可在八成熟时采收，4 月以后温度明显上升，成熟速度加快，可在七成熟时采收。

根据果实用途确定采收期。鲜食果以出售鲜果为目的，草莓的成熟度以九成为好，即以果面着色达 90% 以上。供加工果汁、果酒、饮料、果酱和果冻的，要求果实成熟时采收，以提高果实的糖分和香味；供制罐头的，要求果实大小一致，在八成熟时采收；远距离运输的果实，在七成熟时采收；就近销售的可完全成熟时采收，但不能过熟。

由于草莓的一个果穗中各级果序、果实的成熟期不一致，必须分批、分期采收。采收初期每隔一两天采收一次，盛果期要每天采收一次。草莓采收必须及时进行，否则不但使采收的果实过熟腐烂，还会影响其他未成熟的果膨大成熟。采摘最好在晴天进行。当天采收草莓应尽可能在清晨露水已干至午间高温来临之前或傍晚天气转凉时进行，避免在中午采收。

北京市农业技术推广站以圣诞红为试材，从早晨 7 时开始，每 2 个小时采收一次，研究不同采收时间对草莓果实失重率、硬度、糖度、感官品质的影响。试验结果表明，贮藏 12 天后，在 6 个采收处理中，早晨 7 时和 9 时采摘的草莓果实硬度和糖度均较高，失重率相对较低，贮藏品质较高。

125. 怎样进行草莓果实包装？

草莓为节日型高档果品，果实柔软、不抗挤压碰撞，所以一定要重视采后的包装质量，避免后期果品损伤，良好的包装可以保证产品的安全运输和贮藏，减少产品间的摩擦、碰撞和挤压造成的机械损伤，同时减少病虫害的蔓延和水分蒸发，保护草莓的商品性。

为了减少二次损伤，从采收到加工到销售地点，最好不要倒箱。草莓的包装要以小包为基础，大小包装配套。一般商品包装小盒内 300～400 克为宜，12～16 枚果。小盒内的草莓码放要按一定顺序、一定的大小和方向来放置，切忌装得太满或太松，以免合盖挤压或碰撞造成果实损伤。

长距离运输包装应尽量采用纸箱，因为纸箱软、有弹性，也有一定的强度，可以抵抗外来冲击和振动，对草莓有良好的保护作用。采用泡沫箱，也可以对草莓果实起到直接的保护作用，同时还可以起到保温作用，在运输起点经过预冷的草莓，可以在一个相当较低的温度下运输到市场或消费者手中。

贮藏包装应视贮藏期长短和方式的不同选择用塑料箱、木箱、纸箱等内衬聚乙烯塑料薄膜或打孔塑料袋分层堆放等方式，容量不要太大。销售包装应选择透明塑料薄膜袋、带孔塑料袋或网袋包装，也可放在塑料或纸托盘上，再覆以透明薄膜，即能创造一个保湿保鲜的小环境，起到延长货架期的作用，也增加商品的美观度，便于吸引顾客和促销。

几种常见的草莓包装如下：①塑料盒包装。由于草莓软、多汁水、怕挤压，可以采用带有透气孔的塑料盒进行包装，搭配塑料袋。在塑料盒和塑料袋印上公司图标，独特而具有品牌性。②纸盒包装。采用硬质卡纸，折成纸盒，盒上带有提手，由于草莓多汁，时间长会沁透纸壁，所以该包装不适合远距离运输。此包装方便、美观，可用于少量购买、赠送亲朋好友的顾客使用。③纸质包装。此包装为硬质纸箱，大概1千克或者1.5千克，可以提供给买的较多的顾客。④水果篮包装。此包装为精装版，提供精美、透气的果篮。包装精美，且果篮可以重复使用。

126. 怎样进行草莓果实贮藏？

采收完的鲜果进行贮藏时，应先去除烂果、病果、畸形果，选择着色、大小均匀一致、果蒂完整的草莓果，放入冷库做预冷处理。

（1）冷藏贮藏。库内收获专用箱应成列摞起排放，两列之间间距大于15厘米。库内冷风直接吹到的部位不宜放置收获箱，以防草莓果受冻。库内空气相对湿度保持90％以上，温度保持5℃，勿降至3℃以下。4～5月气温升高，库内温度则可维持在7～8℃，适当提高温度可减少草莓装盒时结露。入库后2小时内尽量不启动库门。收获时如草莓果实温度达15℃，要在预冷库内放置2小时以上，才能使草莓果温度降到5℃左右。

（2）气调贮藏。把在采收时装好草莓的特制果盘用0.04毫米厚的聚乙烯薄膜袋套好、密封，在0～0.5℃，相对湿度85％～95％的环境里贮藏。袋内气体氧气占3％，二氧化碳占6％，在此条件下，草莓可保存2个月以上。提高二氧化碳浓度，腐烂率大大下降，但二氧化碳最高浓度不得超过30％，不然会使草莓产生酒精味。

（3）**近冰点温度贮藏**。草莓的冻结温度是－0.77℃，草莓是水分蒸发与温度无关型果实，即使在近冰点条件下，无包装的草莓水分蒸发也很激烈。因此，用塑料袋小包装可提高周围环境的湿度，减少空气对流，抑制蒸发，减少失重损失。呼吸作用强弱受环境温度影响很大，近冰点条件下的呼吸强度是室温条件下的1/6，近冰点贮藏的具体条件是：－0.5℃±0.2℃，相对湿度85%～90%，草莓贮藏于0.04毫米厚的30厘米×32厘米聚乙烯薄膜袋中，扎紧袋口。

127. 怎样进行草莓果实运输？

在采收和运输过程中，草莓极易受损伤和遭受微生物侵染，导致腐烂而失去商品价值，因此，运输时选择最佳路线，尽量减少震动。最好用冷藏车进行运输，如无冷藏条件，也可在清晨或傍晚气温较低时装卸和运输，运输工具必须整洁，并有防日晒、防冻、防雨淋的设施。

采收后应按品种、大小、着色、形状等进行果实分级。投放市场的新鲜浆果可用聚苯乙烯塑料小盒包装，每盒200～250克，这样不仅可避免装运过程中草莓挤压碰撞，保持草莓品质，而且出售时外观美丽，便于携带。装盒时，应轻拿轻放，边装边分级，剔除霉变或破损果实，并把已分级的同级果实放入一盒，将果实萼片朝下或向一侧摆放整齐。装盒应置于阴凉处，注意避开太阳直射。作为加工原料的草莓，可直接用塑料食品周转箱装运，箱子高度在10厘米左右，放置3层，箱口留有3～5厘米的空间，便于搬运。采用聚苯乙烯塑料小盒包装的，在阴凉处预冷后将小盒装入纸箱或塑料箱中，每箱重量不宜超过5千克。在清晨或傍晚气温较低时运输为宜，并尽量减少颠簸。

在远距离运输途中，降低温度可对果实起到保鲜作用，但提高二氧化碳浓度同样可以达到保鲜的目的。如美国采用增加二氧化碳的方法，在包装箱外罩塑胶膜，把二氧化碳浓度从开始的4％提高到21％，虽然温度比未罩塑胶膜前高出3℃，但果实腐烂率可减少50％。二氧化碳来源于干冰，可使草莓的贮藏寿命和货架期延长，但二氧化碳浓度不宜超过30％，否则草莓会出现异味。

九、草莓病虫害防治

128. 草莓病虫害的农业防治措施有哪些？

农业防治是指通过培育健壮植株、增强植株抗性、耐性等适宜的栽培措施降低有害生物种群数量、减少其侵染可能性或避免有害生物危害的一项植物保护措施。基础为抗病虫种苗，其他包括如轮作、间作、套作、定植、翻耕晒土、施肥、排灌、温湿管理、中耕除草、田园清洁、适时采收、运贮等。

（1）园地选址。 草莓的适应性较强，但要获得优质高产的果实，应选择地面平整，阳光充足，土壤肥沃，疏松透气、排灌方便的田块。宜采用水旱轮作田，前茬为小麦、豆类为宜，不宜种瓜果、茄科蔬菜、甜菜等蔬菜作物；土壤选择偏酸性至中性的中壤土或轻黏土田块种植草莓。选择在生态条件良好，远离污染源，并具有可持续生产能力的农业生产区域。

（2）选用优良品种。 品种选择应考虑地区适应性、栽培目的和栽培方式。不同地区应选择适合本地气候特点的品种。鲜食或加工对品种的要求不同，即使是兼用型品种，对不同的加工制品也有不同要求。栽植方式不同，对品种的要求也有差异。保护地栽培或露地栽培均各有适宜的品种，盆栽宜采用株型小的四季草莓。北京地区宜选择休眠期短、口感好、耐低温、早熟、高产、抗病、色泽好、果形整齐、果实大、畸形果比例小的品种。

（3）选用健康种苗。 种苗的质量是草莓优质、高产的基础，利用健壮种苗进行生产，可减少病虫害的发生，减少用药，从而减少畸形果的发生。为此，繁育种苗时应建立专门的育苗地，采用脱毒种苗作为母株，加强水肥管理并注重病虫害的防治工作，培育根系发达、新茎粗壮、叶片完整、无病虫害的种苗。

（4）田园清洁及棚室消毒。草莓定植前对整个棚室以及棚室周围进行全面清洁，包括清除杂草与植株残体、集中回收废弃物，减少生产环境中病虫来源。连续种植草莓的棚室要进行棚室表面和土壤消毒，一般使用生物熏蒸剂进行棚室表面消毒，杀灭残存病虫，减少病虫来源；土壤消毒可使用太阳能高温消毒、20%辣根素水乳剂土壤处理、石灰氮土壤消毒和氯化苦土壤消毒等方法，防止土传病害的传播。及时对草莓植株进行打老叶、病叶、无效叶、疏花、疏果等处理，清除室内病株、杂草、烂果等。

（5）棚室环境调控技术。利用设施栽培可以控制调节小气候的特点，在草莓生长时期以开关风口和揭放棉被等简单操作管理提高或降低设施内温湿度的调节手段，对有害生物营造短期的不适宜环境，达到延迟或抑制病虫害的发生与扩展的技术。

温室和大棚内的湿度过高，容易形成畸形果。棚室用无滴膜覆盖，采用高垄栽培、地膜覆盖、滴灌，便于浇水、施肥，既保持土壤水分，节约用水，又能降低空气湿度，减少病害的发生。浇水要小水勤浇，切不可大水漫灌。在保证适温的同时，合理通风是保持棚内适宜温湿度的有效措施。另外，草莓的定植密度不宜过大，以免植株过密影响通风透光，引起病害的发生。在连阴天或雾霾天气，可采用人工补光措施。

129. 草莓病虫害的物理防治措施有哪些？

物理防治是指利用各种物理因子、人工和器械防治有害生物的植物保护措施。常用的方法有人工和简单机械捕杀、防虫网隔离、粘虫板诱杀、硫黄熏蒸、微波辐射等。

（1）防虫网隔离虫害。在棚室的风口处覆盖防虫网，可以有效阻止害虫进入棚室内危害。通常使用 40～50 目的防虫网。

（2）粘虫板诱杀（彩图 18）。利用蚜虫、蓟马等害虫对颜色的趋性，悬挂黄色、蓝色粘虫板分别防治蚜虫和蓟马，诱捕成虫效果显著，操作简便。

北京地区扣棚膜后即可悬挂。一般每亩悬挂规格为 25 厘米×30 厘米的粘虫板 30 片或 25 厘米×20 厘米的粘虫板 40 片，黄板和蓝板间隔悬挂。悬挂高度一般在植株上方 10～15 厘米处。当发现板上虫量较多或因灰尘较多而黏性下降时，要及时进行更换。

（3）人工捕捉。利用蛞蝓喜食新鲜幼嫩蔬菜的特征，在生产上，我们可以用此方法进行蛞蝓的绿色防控。在傍晚前，用新鲜、幼嫩的菜叶放置在蛞蝓容易聚集的地方，清晨再进行人工捕捉并集中杀灭。

（4）银灰膜避害控害技术。利用蚜虫对银灰膜的忌避性，可使用银灰膜进行覆盖或在设施内悬挂银灰塑料条等驱避蚜虫。

（5）气味趋避。大蒜中含有天然的抗菌物质，对多种腐败细菌或真菌，如白粉病、霜霉病等有抑制作用，同时大蒜发出的刺激性气味，对害虫有一定的驱离作用。草莓行间每隔 5～10 米种植葱、蒜等作物 10～20 株，利用葱、蒜的气味驱避害虫。

130.草莓病虫害的生物防治措施有哪些？

生物防治是指利用有益生物及其产物控制有害生物种群数量的一种防治技术。

（1）捕食螨防治红蜘蛛。利用捕食螨对红蜘蛛的捕食作用，达到控制红蜘蛛的作用，是安全有效的防治措施。草莓上主要发生的叶螨有二斑叶螨、朱砂叶螨和截形叶螨。目前，生产中主要应用的捕食螨种类有智利小植绥螨、加州新小绥螨、胡瓜钝绥螨和斯氏钝绥螨。最常用的是智利小植绥螨和加州新小绥螨。

智利小植绥螨属蛛形纲蜱螨目植绥螨科，是叶螨属的专性捕食天敌，具有捕食量大、繁殖力强、控制迅速等特点。对于防治二斑叶螨和朱砂叶螨特别适合，是最早被商业化生产的品种之一。使用智利小植绥螨应在作物上刚发现有红蜘蛛时释放，释放量为每平方米3～6头，红蜘蛛发生严重时加大用量。加州新小绥螨隶属于植绥螨科新小绥螨属，广泛分布于阿根廷、智利、美国、日本、南非及欧洲南部和地中海沿岸，它能有效地控制红蜘蛛或蓟马等害虫，是重要的商品化品种。适宜的用量为每株草莓释放18头加州新小绥螨。

(2) 异色瓢虫防治蚜虫。异色瓢虫原产于亚洲地区，属昆虫纲鞘翅目瓢虫科；异色瓢虫的成虫一般能活2个月左右，越冬成虫可活6～7个月。异色瓢虫是蚜虫的重要天敌，它的幼虫一天能吃40～50头蚜虫，成虫一天可以吃掉100多头蚜虫，1头异色瓢虫一生能捕食5 300多头蚜虫，是防治蚜虫的理想天敌昆虫。

使用方法分为预防性和治疗性两种。预防性：蚜虫零星出现，在田间悬挂卵卡，50～60张/亩，将卵卡固定在不被阳光直射的叶柄处，避免阳光直射。治疗性：以释放幼虫或成虫为主，在"中心株"上撒施，每平方米2～4头。

(3) 生物农药的应用。生物农药主要指以动物、植物、微生物本身或者它们产生的物质为主要原料加工而成的农药。因矿物源农药对人畜毒性较低、对环境友好，常将其也列入生物农药范畴。

微生物农药的活性与温度直接相关，使用环境的适宜温度应当在15℃以上，30℃以下。环境湿度越大，药效越明显，粉状微生物农药更是如此。最好选择阴天或傍晚施药。

使用植物源农药，以预防为主，病虫害危害严重时，应当首先使用化学农药尽快降低病虫害的数量、控制蔓延趋势，再配合使用植物源农药，实行综合治理。

矿物源农药使用时注意混匀后再喷施，最好采用二次稀释法稀释。喷雾时均匀周到，确保作物和害虫完全着药，以保证效果。不要随意与其他农药混用以免破坏乳化性能，影响药效，甚至产生药害。

蛋白类、寡聚糖类农药为植物诱抗剂，本身对病菌无杀灭作用，但能够诱导植物自身对外来有害生物侵害产生反应，提高免疫力，产生抗性。应在病害发生前或发生初期使用，病害较重时应选择治疗性杀菌剂对症防治。药液现用现配，不能长时间储存。此类药剂无内吸性，注意喷雾均匀。

131. 草莓病毒病有哪些危害？如何预防？

草莓病毒属于潜隐性病毒，单一病毒感染时一般不表现症状，几种病毒复合侵染时，植株表现明显的矮小弱化，株高、叶面积、叶柄长度等数值明显降低，叶片常表现花叶、皱叶、黄边、褪绿、干枯等多种症状，产量大幅降低，畸形果率高，平均单果质量小，含糖量低，风味差，果实表面光泽度差，易感病，贮藏和运输性能下降。

草莓病毒病是造成草莓减产的重要病害，目前已发现草莓病毒病 20 多种，其中草莓斑驳病毒（SMoV）、草莓轻型黄边病毒（SMYEV）、草莓壤脉病毒（SVBV）和草莓皱缩病毒（SCV）4 种病毒可由蚜虫传播，发生危害严重，目前已在世界各地广泛分布。

1986—1988 年，对我国河北、辽宁、山东、上海、甘肃、陕西等省份的草莓栽培区进行调查，结果显示，存在草莓斑驳病毒、草莓轻型黄边病毒、草莓镶脉病毒和草莓皱缩病毒。4 种病毒的总侵染株率达 80.2%，其中单种病毒侵染株率为 41.6%，

2 种或 2 种以上病毒复合侵染株率为 39.6％。2013 年 1 月至 2015 年 5 月，北京农学院和北京市植保站、昌平区植保植检站对北京、浙江、河北、四川省（直辖市）等地区栽培的草莓进行病毒病初步调查，采集红颜、章姬、圣诞红、晶瑶、甜查理等品种的有典型病毒症状或表现正常的草莓叶片样品，进行 5 种病毒的 RT－PCR 检测（包括黄瓜花叶病毒 CMV）。结果显示，5 种病毒中草莓壤脉病毒发生普遍，草莓皱缩病毒仅在少量样品中被检测到。复合侵染现象普遍，受 3 种及以上病毒复合侵染的植株均表现症状，单独侵染或 2 种病毒的复合侵染可表现症状或隐症。通过对植株表现的症状进行调查分析，有症植株症状主要分为 5 类：长势弱、矮化、叶色不均（包括黄化、褪绿等）、皱缩、黑根，存在多种症状同时共存的现象（综合征）。石河子大学农学院对新疆主要草莓种植区采集表现疑似病毒病症状的 450 份草莓样品，采用单一反转录 PCR（RT－PCR）及多重 PCR 对采集的样品进行检测，结果显示，感染新疆草莓的主要病毒有 3 种，南北疆 15 个不同栽培区均能检测出这 3 种病毒，每个采集地的病毒检出率均在 26％以上。所有样品中病毒总检出率为 64.22％；其中，草莓镶脉病毒检出率最高，为 51.78％；草莓斑驳病毒检出率为 23.78％，草莓轻型黄边病毒检出率为 9.33％，没有检出草莓皱缩病毒。病毒复合侵染率达 18.45％，2 种病毒病复合侵染检出率为 16.67％，3 种病毒病复合侵染检出率为 1.78％。

　　草莓携带病毒的情况，不容忽视。防治方法之一，也是最根本的方法，就是培养和使用无病毒种苗。获取无病毒原原种苗的方法主要有茎尖培养法、花药培养法和热处理法。茎尖培养脱毒是在无菌环境下切取适当茎尖生长点接种于最佳诱导培养基上，进行离体培养获得无毒苗的一种方法。花药培养脱毒是将植物体发育到一定阶段的花药，接种于适宜的诱导培养基上，形成愈伤组织，从而分化成完整无毒植株的过程。热处理脱毒是根据病毒粒子对高温耐受程度的不同，采用不同的处理温度，使病毒钝化失活。2015年，四川农业大学研究了超低温脱毒法，将植物离体材料预处理后置于液氮中做冷冻处理，后经解冻再生的一种技术，可实现植物脱毒和种质资源保存的双重目标。确定了适合红颜草莓苗的超低温疗法脱毒技术体系。无病毒原原种苗获得后，采用无性繁殖进一步田间扩繁的时候要注意蚜虫的防治。无病毒种苗在生产中每2～3年更新一次，在病毒侵染概率高的地区，则每年更新一次。

在草莓种苗繁育和果品生产中，要主要防治蚜虫危害。蚜虫是传播病毒的主要媒介昆虫，防治蚜虫是防止病毒传播蔓延的重要措施。

利用太阳能高温处理、土壤熏蒸等方法进行土壤消毒，对于防治病毒病和黄萎病、炭疽病、线虫等各种土传病虫害都具有较好的防治效果。

防治的同时，要加强田间管理，提高草莓的抗病能力。在田间发现病株，要及时拔除，减少侵染源。

132 怎样有效防治白粉病？

草莓白粉病是草莓生产中普遍发生的病害。在草莓整个生育期均可发生，苗期染病造成种苗素质下降，移植后不易成活；果实染病后严重影响草莓品质，导致商品率下降。在适宜条件下可以迅速发展，蔓延成灾，损失严重。

草莓白粉病主要危害叶、叶柄、花、果梗和果实。叶片染病，发病初期在叶片背面长出薄薄的白色菌丝层，随着病情的加重，叶片向上卷曲呈汤匙状，并产生大小不等的暗色污斑，以后病斑逐步扩大并在叶片背面产生一层薄霜似的白色粉状物，发生严重时多个病斑连接成片，可布满整张叶片；后期呈红褐色病斑，叶缘萎缩、焦枯；花蕾、花染病，花瓣呈粉红色，花蕾不能开放；果实染病，幼果不能正常膨大，干枯；若后期受害，果面覆有一层白粉，随着病情加重，果实失去光泽并硬化，着色变差，严重影响浆果质量，并失去商品价值。受害严重时使整个植株死亡。

草莓白粉病为真菌性病害，其病原菌属于低温性病菌，侵染和传播的最适温度为 15～25℃，低于 5℃或高于 35℃均不发病。保护地草莓，白粉病的发病盛期在 2 月下旬至 5 月上旬及 10 下旬至 12 月，盛夏季节发病较轻。比露地栽培的草莓发病早，危害时间长，受害重。真菌生长后期，形成黑褐色子实体越冬，也可在植株上以菌丝体越冬。白粉病主要依靠带病的草莓苗等繁殖材料进行中远距离传播，而田间扩散蔓延则主要依靠气流。降雨可抑制孢子飞散。草莓发病敏感生育期为坐果期至采收后期，发病潜育期为 5～10 天。保护地栽培栽植密度过大，管理粗放、通风透光条件差，植株长势弱等，均易导致白粉病的加重发生。草莓生长期间高温干旱与高温高湿交替出现时，发病加重。

防治草莓白粉病，首先选用抗病品种，不同的草莓品种对白粉病抗性有较大差异。栽前种后要清洁苗地。种苗繁育过程中，要控制繁苗园内的种苗密度，合理种植母本苗和限制子苗数量，培育壮苗。草莓生长期间应及时摘除病残老叶和病果，并集中深埋或销毁；要保持良好的通风透光条件，雨后及时排水，加强肥水管理，避免使用过多的氮素肥料，培育健壮植株。

掌握关键生育期用药。保护地栽培的 10～11 月和次年春季3～5 月是预防关键时期。应在发病初期及时进行防治，开花后尽量避免使用农药。药剂可选择 50％醚菌酯水分散粒剂 3 000～5 000 倍液，每季最多用药 3 次，安全间隔期 3 天；30％醚菌酯可湿性粉剂，每亩每次使用 15～40 克，每季最多用药 3 次，安全间隔期 5 天；醚菌·啶酰菌悬浮剂，每亩每次使用 25～50 毫升，每季最多用药 3 次，安全间隔期 7 天；4％四氟醚唑水乳剂，每亩每次使用 50～83 克，每季最多用药 3 次，安全间隔期 7 天；在发病中心及周围重点喷施，每 7～10 天喷施一次，连续防治

2～3次。注意轮换用药。

133. 如何正确应用高温闷棚法防治草莓白粉病？

高温闷棚是一项有效的生态型农业防治技术，使用该技术时，一定要控制好温度，若闷棚温度不够则达不到杀菌效果，若温度过高、控温不当会导致草莓烧苗而造成经济损失。

高温闷棚的具体操作如下：①早上提前浇水，以免草莓种苗在高温闷棚期间失水萎蔫；②浇水后温室通风10分钟，之后开始密闭棚室升温，当温度上升到35℃时，要密切注意温度的上升速度，到38℃时，调节风口保持温度在35～38℃，注意温度不能超过40℃。若温度高于40℃时，将对草莓造成较大危害。保持高温2小时左右，之后逐渐降温，恢复正常管理。

使用高温闷棚法防治草莓白粉病，对温室的保温效果要求较高，一般应选用透光、保温性能较好的棚膜，并且选择天气条件较好时进行，否则温度难以达到要求，影响防病效果。同时，棚内的温度和高温持续时间要严格把握，温度切不可高于40℃，时间不要长于2小时，同样的操作要连续进行3天，因此需要提前关注天气情况。温度计不要直接暴晒在阳光下，否则会造成高温的假象，影响防治效果。在高温闷棚前先摘除草莓成熟果实，以免高温导致果实变软，严重时导致烂果。

134. 如何利用硫黄熏蒸防治草莓白粉病？

硫黄熏蒸是利用自动控温熏蒸器将高纯度的硫黄粉，恒温加热成气态单质硫，使单质硫通过布朗运动均匀分布于相对密闭的日光温室内，抑制棚内空气中及作物表面病菌的生长发育，同时在作物各个部位形成一层均匀的保护膜，可以起到杀死和防止病原菌侵入的作用，从而达到保护作物，保证其正常生长。使用这种方法的最大优点是避免和减轻药害的发生，尤其对于一些低矮及生长茂密的作物，能够使药剂均匀分布于叶片正、背面，克服了传统喷药不均匀和有死角的问题。同时，与喷雾施药相比，硫黄熏蒸法不会增加温室内湿度，可有效避免高湿病害的发生。所以，硫黄熏蒸被认为是一种不带残留的作物病虫害防治方法，尤其用于防治作物白粉病，更是一种有效的环保方法。试验结果表明，在室温 19～26℃ 范围内，硫黄蒸发量可达 5～10 克/小时，它能在短时间（3～4 小时）内使硫黄达到白粉病菌致死浓度，从而有效地预防和治疗白粉病。

棚室内每 100 米² 安装一台熏蒸器，熏蒸器内盛 20 克含量 99% 的硫黄粉，傍晚盖帘闭棚后开始加热熏蒸。隔日一次，每次 3～4 小时，其间注意观察，硫黄粉不足时及时补充。熏蒸器垂吊于棚室中间距地面 1.5 米处，为防止硫黄气体硬化棚膜，可在熏蒸器上方 1 米处设置伞状废膜用于保护大棚膜。硫黄熏蒸对蜜蜂无害，但熏蒸器温度不可超过 280℃，以免亚硫酸对草莓产生药害，如果棚内夜间温度超过 20℃ 时要酌减药量。

熏蒸器工作期间，操作和管理人员不宜留在温室，以免吸入有害物质而损害人体健康。

135. 怎样有效防治草莓灰霉病？

草莓灰霉病菌喜温暖潮湿的环境，发病最适气候条件为温度 18～25℃，相对湿度 90% 以上，气温在 2℃ 以下、31℃ 以上或空气干燥时发病较轻或不发病。草莓灰霉病的病原菌为灰霉菌，以菌丝体、分生孢子和菌核在土壤内及植株残体上越冬。在气温 20℃，灌水过多、膜上积水或者种植密度过大、通风不畅等低温、高湿、弱光情况下，易导致灰霉病暴发。灰霉病菌为弱寄生菌，多从植株伤口或枯死部位侵入繁殖（彩图 19）。

对浙江建德大棚草莓的调查试验结果表明，草莓灰霉病为系统性侵染病害，叶片、花序和果实均可发病，发病率分别为4.5%、3.7%和21.1%，以果实侵染危害最重。发病多从花期开始，病菌最初从将开败的花或较衰弱的部位侵染，使花呈浅褐色坏死腐烂，产生灰色霉层。叶多从基部老黄叶边缘侵入，形成V形黄褐色斑，或沿花瓣掉落的部位侵染，形成近圆形坏死斑，其上有不甚明显的轮纹，上生较稀疏灰霉。果实染病多从残留的花瓣或靠近或接触地面的部位开始，也可从早期与病残组织接触的部位侵入，初期呈水渍状灰褐色坏死，随后颜色变深，果实腐烂，表面产生浓密的灰色霉层。草莓幼果期感染灰霉病后，果柄开始发红并逐渐向果实方向发展，颜色逐渐加深，到达草莓萼片时在萼片上形成浅红色病斑。叶柄发病，呈浅褐色坏死、干缩，其上产生稀疏灰霉。

灰霉病的发生还与栽培品种和管理措施等有密切关系。不同品种间的抗病性差异较明显，一般欧美系等硬果型品种抗病性较强，而日系等软果型品种较易感病。栽种密度过大，施氮肥过多，造成植株生长过旺，或者不进行疏花疏叶，光照条件不足，湿度过大，都有利于病害发生。

在生产中要注意科学施肥，适当控制氮肥用量，增施有机肥，合理调节磷、钾肥比例，提高草莓植株的抗病能力。适当降低草莓种植密度，适时疏叶疏花，控制草莓生长群体。及时清除病、老、残叶、感病花序及病果等带菌残体，带到棚外进行集中销毁。果实成熟后要及时采收。草莓采收结束后，及时将植株残体清除干净，并于夏季高温天气高温闷棚消毒。

在选用抗病品种、合理轮作、科学栽培管理、适时通风等农业防治技术基础上，在病害发生初期，每亩可选用50%的啶酰菌胺水分散粒剂30～45克，或38%的唑醚·啶酰菌水分散粒剂40～60克，或400克/升嘧霉胺悬浮剂45～60毫升，或1 000亿孢子/克枯草芽孢杆菌可湿性粉剂40～60克等高效低毒化学药剂或生物药剂防治，主要喷施残花、叶片、叶柄及果实等部位，棚室的走道等位置也需要全面喷施。在草莓灰霉病发生初期每隔7~10天用药一次，连续施药2~3次。为防止或减缓灰霉病菌产生抗药性，不同药剂交替使用，轮换使用。如灰霉病发生非常严重，整个花序都受到侵染时，无须再打药，可摘除感病花茎，促发下一批花序为宜。

136. 怎样有效预防草莓苗期炭疽病？

炭疽病是夏季草莓种苗繁育过程中的重要病害之一，对种苗的繁殖能力和子苗的生长造成严重影响，特别是红颜等日系品种更易感炭疽病。7、8月份高温时间长，雷阵雨多，病菌传播蔓延迅速，可在短时间内造成整片苗死亡。尤其在草莓连作田、老残叶多、氮肥过量、植株幼嫩及通风透光差的田块发病严重，可在短时期内造成毁灭性损失。因此，要特别注意对炭疽病的防治，而炭疽病的防治以防为主（彩图20）。

草莓匍匐茎、叶柄、叶片染病，初始产生纺锤形或椭圆形病斑，直径3~7毫米，黑色，溃疡状，稍凹陷；当匍匐茎和叶柄上的病斑扩展成为环形圈时，病斑以上部分萎蔫枯死，湿度高时病部可见肉红色黏质孢子堆。炭疽病除引起局部病斑外，还易导致感病品种尤其是草莓育苗地种苗成片萎蔫枯死；当母株叶基和短缩茎部位发病后，初始1~2片展开叶失水下垂，傍晚或阴天恢复正常。随着病情加重，则全株枯死。虽然不出现心叶矮化和黄化症状，但若取枯死病株根冠部横切面观察，可见自外向内发生褐变，而维管束未变色。

利用设施育苗，可以避免雨水对种苗的影响，控制炭疽病的传播。同时，利用基质育苗，也有效地减少了土传病害的发生。但是，由于种苗自身携带病菌、雨水的进入、浇水方式不当或通风透光差等原因也会造成炭疽病的发生和传播，在短时间内整片苗死亡，造成毁灭性损失。

预防炭疽病，首先要选择优质无病虫害携带的原种一代苗作为母苗。对草莓棚内外的杂草要及时人工拔除，使苗地通风透光，不宜使用除草剂。在多雨季节到来之前，在设施外挖排水沟，防止暴雨来临时，雨水进入棚内淹苗，下雨时棚室的顶风口务必处于密闭状态，侧风口的棚膜下放到适宜高度或者全部覆盖风口，避免雨水击打种苗；受淹苗地及时用清水洗去苗心处污泥，拔掉受伤叶片，然后整理植株，及时摘除老叶、病叶、枯叶，剪去发病的匍匐茎，并集中烧毁；及时引压子苗、摘除老叶、病叶，当子苗达到预计数量时，用剪刀将母株与子苗切离，并拔除母株，促进通风透光。浇水方式采用滴灌，最好不使用喷灌和漫灌方式。制定药剂预防方案，每隔 7～10 天喷洒一次杀菌剂，植株调整工作最好在药剂喷洒当天进行，选择广谱性杀菌剂，轮换用药，雨天后要补充用药一次。

137. 怎样有效防治根腐病？

草莓根腐病是多种根部腐烂病害的统称，有时为了强调草莓短缩茎部位发生的腐烂病，特别称之为根茎腐病。这类病害可由多个属的病原菌引起，如炭疽菌属、丝核菌属、镰刀菌属、疫霉属等，其中由炭疽菌引起的根腐病称为炭疽根腐病，由疫霉引起的根腐病称为红中柱根腐病或疫霉根腐病。草莓根腐病是一种较难防治的重要土传病害。特别是在多年连作的草莓种植地块，严重发生时可造成整个草莓园区的毁灭。近年来，该病的发生具有逐年上升趋势，已成为草莓产业发展的主要障碍之一（彩图 21）。

草莓炭疽根腐病：可危害草莓的根茎、叶片、叶柄、匍匐茎、花和果实。设施条件下栽培的草莓，炭疽病在植株地上部一般不表现症状，而是在定植以后的缓苗期，以危害根茎为主，引起根茎腐病，导致植株萎蔫和大量死苗。植株根茎剖开，可见切面呈红褐色、坚硬部分腐烂，或者有红褐色条纹。草莓炭疽病是当前设施草莓移栽后成活率低的主要因素。

红中柱根腐病：整个种植期都可发生，但通常是种植在低洼、潮湿处的植株地上部表现症状，根腐严重的植株常矮小，天气炎热时萎蔫。根部腐烂从根尖向根茎发展。该病害也引起小侧根腐烂，主根像个秃尾巴。根部的典型特征是中柱变红。

恶疫霉根茎腐病：根茎变褐。但多数情况下症状首先出现在根茎上部，然后向基部发展，或者从匍匐茎留下的残余部分开始发病。被侵染的组织先表现水渍状和浅褐色，而后根茎很快均匀变褐。

高温、积水、通透性不好的黏性土壤根腐病发生较重。

草莓根腐病，防重于治。做好农业防治，对土壤进行严格彻底的消毒；选择不带病原菌的健康壮苗生产；发现染病植株要及时挖走，集中销毁，对于挖走植株周围要进行二次消毒后再补种；实行 4 年以上轮作，与十字花科蔬菜轮作倒茬；施足充分腐熟的有机肥；严禁大水漫灌，采用滴灌或渗灌。选择生物农药防治。寡雄腐霉 2 000～3 000 倍液穴施灌根，每株灌 250 毫升，每 7 天一次，连续灌根 2～3 次。由于炭疽病和红中柱病的病原菌种类截然不同，在药剂防治时用药的选择也就不同。防治草莓炭疽病应该选择咪鲜胺、苯醚甲环唑、氟啶胺、嘧菌酯、吡唑醚菌酯等杀菌剂。而防治疫霉引起的根腐病一般选择对卵菌有效的药剂，如甲霜灵、霜脲氰、烯酰吗啉、氟吗啉等。用 50% 多菌灵可湿性粉剂 500 倍液、98% 恶霉灵可湿性粉剂 2 000 倍液，或 70% 甲基硫菌灵可湿性粉剂 600 倍液灌根，每株灌 250 毫升，每 7 天一次，连续灌根 2～3 次。

138. 如何鉴别和防治草莓黄萎病？

草莓黄萎病是一种土传性病害，目前已成为影响、困扰草莓扩大生产的重要病害。

草莓黄萎病主要在匍匐茎抽生期发病，从根部侵入，地上部表现症状。发病幼苗新叶失绿变黄或弯曲畸形，叶片狭小呈船形，复叶上的两侧小叶不对称，呈畸形，多数变硬，叶片黄化。发病植株生长不良，无生气，叶片表面粗糙无光泽，从叶缘开始凋萎褐变，最后植株枯死。地下根部、叶柄和茎的维管束发生褐变甚至变黑。与健康植株相比，发病植株严重矮化。有时植株的一侧发病，另一侧健康，呈现所谓"半身凋萎"症状。夏季高温季节不发病，心叶不畸形、黄化。与根腐病的区别是根的中心柱维管束不变红褐色。

草莓黄萎病致病菌为半知菌亚门轮枝孢属真菌。以菌丝体或厚壁孢子或拟菌核随寄主残体在土壤中越冬，可多年存活。带菌土壤是黄萎病的主要侵染源。病菌多从根部侵染危害，通过维管束向上移动引起地上部发病。种苗繁育过程中，病菌可通过匍匐茎，由母株扩展到子株，引起子株发病。该病发生的适宜温度是20～25℃。28℃以上发病轻或不发病。土壤温度高、湿度大、pH 低可使病害加重，夏季多雨年份和重茬地草莓黄萎病发生严重。

草莓黄萎病防治较为困难，重点在预防。防治草莓黄萎病应注重综合防治措施的应用。首先选择健康母株进行种苗繁育，苗床应选择未种过草莓的地块，或提前用药剂进行土壤消毒。假植床和定植床也应同样处理。也可采用营养钵基质育苗，或空中采苗方式，减少子苗与土壤的接触，避免感染。在草莓种苗繁育过程中，使用过多年的栽培槽、滴灌管和育苗卡等设备或材料在每年使用前均应进行消毒。在定植前，对草莓种苗进行药剂处理，可选用25%的阿米西达悬浮液3 000～5 000 倍液，50%速克灵、70%甲基硫菌灵可湿性粉剂及50%多菌灵可湿性粉剂500 倍液蘸根或整株浸泡3～5 分钟，取出后沥干水分进行定植。可降低发病率。草莓定植后加强栽培管理，采用高垄地膜覆盖以及滴灌等节水栽培技术。浇小水，并注意浇水后及时浅中耕。及时排水，防止草莓园土壤湿度过大。施用充分腐熟的有机肥。减少伤根。及时清除病株和病残体，集中烧毁或深埋。及时摘除病老叶；发现病株要尽早拔除并将相邻植株同时拔除后深埋或烧毁，以减少病菌侵染源。无论病区还是无病区，都不宜多年单一种植草莓，应实行轮作倒茬。草莓与水稻轮作是消灭病原的有效措施。草莓还可与十字花科和豆科植物轮作。可与夏玉米、葱和蒜等间作。

139 如何鉴别和防治细菌性角斑病？

细菌性角斑病主要危害叶片、果柄、花萼，匍匐茎上也常有发生。初期侵染时在叶片背面出现水渍状浅绿色不规则形病斑，病斑扩大时受到细小叶脉所限呈多角形叶斑。对光观察可见病斑呈透明状，这区别于其他叶斑病的不透明状。直接观察则呈暗绿色。叶子正面出现不规则淡红褐色斑点，有黄色边缘，此症状会与其他叶斑病混淆。最后病组织死亡、干枯，使叶片凹凸不平。叶片潮湿的时候，叶背面的角斑表面会有细菌和细菌渗出液形成的黏稠物。黏稠物干燥后，呈浅褐色漆状。黏稠物和褐色干燥物将角斑病和其他真菌引起的叶斑病区别开来。在适宜的条件下，花萼也会受到侵染。引起角斑病的细菌侵染维管束组织，使得病害很难控制。被侵染的植株萎蔫和死亡，但细菌性角斑病不会引起根茎组织褐变（彩图22）。

细菌性角斑病是随着草莓繁殖材料的引进而迅速传播的，病原菌在土壤及病残体上越冬。在田间通过灌溉水、雨水传播，人和农具的移动也能传播。从局部伤口或下部病叶侵染，或从气孔处侵入致病并传播蔓延。中等偏低的日温（最高温 $15\sim20℃$）、夜间低温（最低温接近或在 $0℃$ 以下）及较高的湿度更有利于该病菌的侵染。连作、地势低洼、灌水过量、排水不良、人为伤口或虫伤多者发病重。

不从发病地区引种，不在发病地块育苗，避免在地势低、排水不良的地块栽培，起垄覆膜栽培，注意通风换气。清除枯枝病叶，减少人为伤口，及时防治虫害。加强管理，苗期小水勤浇，降低地温，雨后及时排水，防止土壤湿度过大。发病地块，下茬种植前，清理田园，进行土壤消毒。

铜处理制剂能用来控制细菌性角斑病，但不是非常有效，反复使用会导致植株生长矮小和产量下降。

140. 如何鉴别和防治草莓叶斑病？

草莓叶斑病，常发生在草莓生长后期，主要危害叶片，也侵害叶柄、匍匐茎、花萼、果实和果梗。发病初期，叶片开始产生深紫红色小斑点，随着斑点变大，病斑中央变为灰白色，酷似蛇眼。病斑逐渐扩展，斑点连片，成不规则紫褐色斑块。严重时，可使叶片大部分变成褐色、枯萎，甚至死亡（彩图 23）。

病菌以菌丝体或菌丝块在病残体上越冬，次年春季产生分生孢子借风雨传播，从伤口或气孔侵染叶片，发病重的园区，病叶率高达 80% 以上，造成大量叶片焦枯。7～25℃条件下，叶斑病会发生和传播。肥力不足时，或植株长势较弱时，容易感病。一般开花结果期较轻，8～9 月较严重。叶片感病后不仅影响光合作用，使植株衰弱，而且降低植株的抗寒能力。

防治叶斑病最好的办法是减少土表和病株上病原菌的菌源。冬季清扫园地，烧毁腐烂病叶，生长初期发生少量病叶及时摘除，发病重的地块在果实采收后全园割叶，并进行中耕锄草，将叶片与杂草一并集中烧毁。土壤熏蒸能消灭草莓种植田内的大部分叶斑病病菌。草莓生产中要加强栽培管理。栽植时不可过密，注意通风。雨季注意排水，防止涝害。通过肥水调控，促使植株生长旺盛，增强植株抗病力。必要时可以使用药剂防治。注意轮换用药。

141. 如何鉴别和防治草莓跗线螨的危害？

草莓跗线螨包括侧多食跗线螨（也叫茶黄螨）和仙客来螨，已成为保护地草莓栽培中的重要害虫，全国各地均有发生。跗线螨食性杂、寄生植物广。成螨、若螨主要集中在幼嫩部位刺吸汁液，还可危害根茎、花和果实。受害叶片小、叶柄短、无光泽，呈灰褐色或黄褐色有油浸状或油质状光泽，叶缘向背反卷、畸形。匍匐茎表面出现细小的刺。受害植株变得矮小。还会出现棕色干花、红褐色果实，根系发育不良等症状（彩图24）。

跗线螨以雌成螨在土缝、草莓及杂草根际越冬。在保护地内可常年危害。靠爬行、风力和人为携带传播。成螨繁殖速度很快，18～20℃时7～10天繁殖1代，在20～30℃的条件下4～5天繁殖1代。繁殖最适温度为22～28℃，相对湿度80%～90%。温暖多湿环境有利于跗线螨的生长发育，危害较重。

跗线螨的防治方法：①铲除周围杂草，清除园内枯叶、病残体及越冬杂草。做好土壤消毒。②育苗期间，及时摘除虫叶、老叶，集中销毁，减少虫源。外地引苗，注意有无虫害。③释放加州新小绥螨防治，每亩释放15万头，每30天释放一次。④选用杀螨剂进行药剂防治。

跗线螨很小，在显微镜下也不容易看清楚，因此极难发现。发作缓慢，中后期发现后，基本没有办法根除，只能反复用药。如果仅仅依赖捕食螨，也无法解决，必须采用综合防治措施。在幼苗期就要杜绝传染源，其次移栽成活后要进行2次预防，药剂一定要打透心叶，与二斑叶螨主要喷药在叶背的要求不同。

142. 如何鉴别和防控草莓二斑叶螨？

危害草莓的红蜘蛛种类主要为二斑叶螨。雌成螨深红色，体两侧有黑斑，椭圆形。越冬卵红色，非越冬卵淡黄色。越冬代幼螨红色，非越冬代幼螨黄色。越冬代若螨红色，非越冬代若螨黄色，体两侧有黑斑。成、幼、若螨在叶背吸食汁液，并结网，因此得名——红蜘蛛。初期叶面出现零星褪绿斑点，严重时遍布白色小点，田间如火烧状，叶片焦枯脱落，造成植株早衰，缩短结果期，降低草莓产量及品质（彩图 25）。

危害草莓的
红蜘蛛种类

育苗期间草莓
红蜘蛛的鉴别

二斑叶螨体型微小。华北地区一年发生 10 余代，以滞育雌成螨在枯枝落叶、土壤或树皮等处越冬，保护地内周年发生。春季温度达 10℃害螨开始繁殖，首先危害植株下部叶片，再向上部叶片蔓延，数量多时可在叶端或嫩尖上形成螨团。幼螨和前期若螨活动较少；后期若螨则活泼贪食，有向上爬的习性。先危害下部叶片，而后向上蔓延，吐丝下垂或借风力传播。生长最适宜温度 29～31℃，相对湿度 35%～55%，高温低湿有利于害螨发育繁殖。高温干旱最有利于红蜘蛛发生，长期高湿条件难以存活。营养条件对螨类的发生有显著影响，一般叶片越老受害越严重，叶片中含氮量高的，受害严重。

二斑叶螨目前已经成为设施草莓生产中最常见、危害最大的虫害之一，要做到尽早发现，及时防治。

（1）隔离措施。严格控制人员进出棚室，减少串棚传播概率。棚室门前放消毒垫或撒白灰阻断人为传播；操作工具尽量专棚专用避免交叉传播。

（2）栽培措施。加强水肥管理，做到平衡施肥，培育健壮植株。及时摘除老叶、病残叶，增加棚内通风透光性，降低红蜘蛛的发生概率。及时清除周围杂草。

（3）释放天敌。在红蜘蛛发生初期，利用捕食螨控制红蜘蛛的发生、发展、蔓延。在释放捕食螨前尽量压低红蜘蛛的基数，用99%矿物油200倍加1‰苦参碱、印楝素或1.8%阿维菌素进行虫害防治，在药后5～10天，种群密度按照益害比1：30或≤2头/叶时释放捕食螨，根据情况可15天释放一次，连续释放3～4次，能较好地控制红蜘蛛的危害。

（4）生物农药。采用99%矿物油用水稀释200倍喷雾，或99%矿物油用水稀释200倍加1.8%阿维菌素2 000倍进行喷雾；7天防治一次，连续防治2次。

（5）化学防治。采用99%矿物油200倍加43%联苯肼酯悬浮剂2 000倍；7天防治一次，连续防治2～3次，药剂交替使用效果更好。

143. 如何鉴别和防控草莓朱砂叶螨？

危害草莓的叶螨还有朱砂叶螨，在全国各地分布广泛。朱砂叶螨以成螨、若螨在叶背刺吸植物汁液，发生量大时，叶片灰白，生长停滞，并在植株上结成丝网。严重发生时可导致叶片枯焦脱落，如火烧状。

朱砂叶螨与二斑叶螨的亲缘关系很近。卵的大小和形状与二斑叶螨相同，但呈黄色至橙色。朱砂叶螨的雌螨椭圆形，长0.48毫米，宽约0.31毫米，深红色至锈红色；体两侧背面各有一个黑褐色长斑。雄螨体小。若螨体形和体色似成螨，体侧出现明显的块状色斑，但个体较小。幼螨初孵时近圆形，色泽透明，取食后体色变暗绿。

朱砂叶螨的最适生活温度为25～30℃，最适相对湿度为35%～55%。温度达30℃以上和相对湿度大于70%时，不利于其繁殖，暴雨对其有抑制作用。植株叶片越老，含氮越高，朱砂叶螨也随之增多，粗放管理或植株长势弱，危害加重。

加强水肥管理，做到平衡施肥，培育健壮植株。及时摘除老叶、病残叶，清除周围杂草，增加棚内通风透光性，降低红蜘蛛的发生概率。防治措施同二斑叶螨的防治。

144. 如何释放智利小植绥螨防治叶螨？

智利小植绥螨一生经过卵、幼螨、若螨和成螨四个阶段。若螨还分第一和第二若螨。卵期约 2～3 天，从卵发育到成螨在 15℃时为 25 天，20℃时 10 天，30℃时 5 天，比叶螨的生活史还要短。在 17～27℃条件下，雌成螨可存活 35 天左右，产 60 粒卵，每天产 2～3 粒卵，雌雄比大约为 4∶1。智利小植绥螨发现于热带地区，因此没有滞育，在设施温室这样封闭的环境中，一年中都很活跃。

智利小植绥螨是叶螨的专食性捕食者，对于结丝网的叶螨如二斑叶螨和朱砂叶螨特别适合，是最早被商业化生产的品种之一。因为对叶螨的高度专一性，在叶螨的生物防治中发挥着举足轻重的作用。

智利小植绥螨幼螨通常不取食，若螨及成螨可取食叶螨各螨态。成螨每天可取食 5～20 头猎物（包括卵）。在 18～27℃的条件下，其繁殖速度要高于叶螨。20℃时智利小植绥螨繁殖比叶螨快两倍。智利小植绥螨非常贪食，在所有的对叶螨取食的植绥螨中无一可望其项背。但 35℃以上不取食。智利小植绥螨是非常有效的猎食者和扩散者，它们常常会灭绝叶螨。智利小植绥螨也会因为猎物的灭绝而死亡，所以一个持续的控制通常要多次释放。

使用智利小植绥螨，以每平方米释放 3～6 头为宜，在叶螨危害中心，每平方米可释放 20 头。或按智利小植绥螨∶叶螨（包括卵）为 1∶10 的比例释放。叶螨发生重时加大用量。使用时，瓶装的先旋开瓶盖，从盖口的小孔将捕食螨连同包装基质轻轻撒放于植物叶片上。不要打开瓶盖就直接把捕食螨释放到叶片上，因为数量不好控制，很可能局部被释放过大的数量。注意释放时不要剧烈摇动，否则会杀死智利小植绥螨。

草莓植株上刚发现有叶螨时释放效果最佳。叶螨严重发生时，间隔 2～3 周再释放一次。

温暖潮湿环境下释放智利小植绥螨效果好，而高温干旱时释放效果差。温室内如果太干应尽可能通过弥雾方法增加湿度。释放捕食螨前，将老叶和螨类危害严重的叶片摘除，可提高防治效果。释放捕食螨后，严禁使用杀虫剂。

145. 如何贮存与释放加州新小绥螨？

远距离运输加州新小绥螨，通常会使用泡沫箱或厚纸箱。收到加州新小绥螨后，打开包装箱，存放在大棚内，避免阳光直射，不可存放在家里或办公室；不可与农药、化肥混放；存放温度为 0～28℃，一般大棚内的条件均可达到。

收到加州新小绥螨后，尽可能在 5 天内全部释放。释放时，首先将瓶子横过来，轻轻地转几圈，使加州新小绥螨更多地附着在麦皮上。然后打开瓶盖，撒在草莓叶片上即可。植株较小时，每株草莓选一张较大平展的叶子，将虫子含麦皮点施于叶面，保证每株都释放一片叶以上，已经明显发生红蜘蛛的草莓，每株必须释放 3 片叶以上。当草莓已经封行，则可以在草莓垄上方撒施，并尽量让它们散落于叶片上。

加州新小绥螨释放后 3 天内不得进行任何叶面喷雾措施。

146. 什么时候释放加州新小绥螨效果最好，如何做到预防性释放？

释放加州新小绥螨的最佳阶段是草莓盖地膜或盖大棚膜后，

此时是草莓的初花期，释放加州新小绥螨防控草莓红蜘蛛可以减少花果期发生严重红蜘蛛的可能，从而减少打药次数和畸形果的可能。具体操作如下。

覆盖地膜前 7 天左右，结合盖地膜前最后一次劈叶，此时叶片数少、红蜘蛛种群数量也不高，先用化学农药处理一下潜在的中心株，可以使用 43％联苯肼酯悬浮剂 1 500 倍液＋5％噻螨酮乳油 1 200 倍液；地膜覆盖后，再用 20％丁氟螨酯悬浮剂（或 30％乙唑螨腈悬浮剂）1 500 倍液＋5％噻螨酮乳油 1 200 倍液加强处理一次。由于草莓低矮，药剂不易喷透，死角较多，且红蜘蛛个体小、抗药性强，导致打不死的红蜘蛛较多，此时再释放加州新小绥螨，它们可以主动搜寻到残留的红蜘蛛，并消灭它们，从而避免红蜘蛛的再次发生。

如果仅用了上述杀螨剂，那么药后第 2 天即可释放加州新小绥螨，每 1 000 株草莓释放一瓶（25 000 头）加州新小绥螨。每 30 天补充一次，就可以长期控制红蜘蛛不暴发危害。

147. 如果已经发现红蜘蛛，应该如何释放加州新小绥螨？

如果已经发现红蜘蛛，但未出现红蜘蛛吐丝结网或叶背发红的情况，首先摘除草莓底层老叶，每侧芽留 5～6 片功能叶；然后立即使用 43％联苯肼酯悬浮剂（或 20％丁氟螨酯悬浮剂、30％乙唑螨腈悬浮剂）1 500 倍液＋5％噻螨酮乳油 1 200 倍液复配后，打透 85％以上的叶背，先消灭掉大量的红蜘蛛后，再释放加州新小绥螨，此时每 700 株草莓释放一瓶加州新小绥螨。每 30 天补充释放一次，第 2 次的释放量按照预防用量进行释放，即每 1 000 株草莓释放一瓶（25 000 头）加州新小绥螨。

如果已经发现红蜘蛛吐丝结网或叶背发红的情况，首先仍然是劈老叶，摘除草莓底层老叶，有丝网和叶背发红的草莓，每侧芽留 3～4 片，其他的每侧芽留 5～6 片功能叶；然后轮换使用 43％联苯肼酯悬浮剂（或 20％丁氟螨酯悬浮剂、30％乙唑螨腈悬浮剂）1 500 倍液＋5％噻螨酮乳油 1 200 倍液复配，间隔 3～5 天连续处理 2 次，打透 85％以上的叶背，先消灭掉大量的红蜘蛛后，再释放加州新小绥螨，此时每 500 株草莓释放一瓶加州新小绥螨。每 30 天补充释放一次，第 2 次的释放量按照预防用量进行释放，即每 1 000 株草莓释放一瓶（25 000 头）加州新小绥螨。

148. 用过农药后，多久可以释放加州新小绥螨？

加州新小绥螨的抗药能力较强，比一般捕食螨都强，但还是有部分农药对它的影响较大，这部分农药在释放加州新小绥螨后禁止使用，即使在释放前使用过，也要间隔相应的时间后，才不影响加州新小绥螨的存活。

必须间隔 7 天后才能释放的药剂有甲氨基阿维菌素苯甲酸盐（甲维盐）、啶虫脒、螺虫乙酯、噻虫嗪、虫螨腈、哒螨灵、唑螨酯、乙螨唑、螺螨酯、氟虫脲、敌敌畏、丁醚脲、吡丙醚、庚烯磷、定菌磷、除虫菊素、苦参碱和黎芦碱。

必须间隔 15 天后才能释放的药剂有阿维菌素、乙基多杀菌素、吡虫啉、矿物油、烯啶虫胺、甲萘威（西维因）、三环锡、敌螨通和敌螨普。

必须间隔 30 天后才能释放的药剂有多菌灵、苯螨特。

149. 释放加州新小绥螨后，防治其他病虫害时禁用的药剂有哪些？

（1）禁用的杀虫剂（禁止喷雾）。

有机磷类：各种有效成分中含有磷字的农药，以及乐果、敌敌畏、敌百虫等。

菊酯类：各种有效成分中含有菊酯两字的农药，如甲氰菊酯、氯氟氰菊酯等。

油类农药：如矿物油、植物油。

生物农药：苦参碱、藜芦碱、印楝素、鱼藤酮、除虫菊素。

杀螨剂：喹螨醚、螺螨酯、乙螨唑、唑螨酯、哒螨灵。

阿维菌素类：阿维菌素、甲氨基阿维菌素。

多杀菌素类：乙基多杀菌素、多杀菌素。

烟碱类：吡虫啉、啶虫脒、烯啶虫胺。

含威字药剂：灭虫威、杀线威、甲萘威、异丙威烟剂。

其他杀虫剂：唑虫酰胺、螺虫乙酯、丁醚脲、虫螨腈、双甲脒、三环锡、硫黄烟剂（硫黄悬浮剂除外）。

（2）禁用的杀菌剂（禁止喷雾）。

多菌灵、硫黄烟剂，尽量不使用代森锰锌。硫黄以熏蒸（熏蒸器）或硫黄悬浮剂喷雾方式施药不会伤害加州新小绥螨。

150. 释放加州新小绥螨后，防治其他病虫害时哪些农药可以使用？

红蜘蛛：喷雾后不需要间隔期，次日即可立即释放的药剂有联苯肼酯、丁氟螨酯、乙唑螨腈、噻螨酮、溴螨酯、四螨嗪。

蚜虫：溴氰虫酰胺、氟啶虫胺腈、氟啶虫酰胺、吡蚜酮、苯氧威、抗蚜威、唑蚜威，噻虫嗪可以冲施灌根，不得喷雾。

蓟马：虱螨脲、溴氰虫酰胺、氟啶虫胺腈、氟啶虫酰胺、苯氧威、吡蚜酮，噻虫嗪可以冲施灌根。

粉虱：溴氰虫酰胺、氟啶虫酰胺、氟啶虫胺腈、螺甲螨酯。

夜蛾：溴氰虫酰胺、氯虫苯甲酰胺、氟虫双酰胺、甲氧虫酰肼、虱螨脲、苯氧威、茚虫威、苏云金杆菌、昆虫病毒、球孢白僵菌、金龟子绿僵菌。

盲蝽：氟啶虫胺腈、氟啶虫酰胺、溴氰虫酰胺。

蚧螨：球孢白僵菌、金龟子绿僵菌、辛硫磷、高效氯氟氰菊酯、吡虫啉、噻虫嗪，灌根。

芽线虫：取下喷头，用喷杆在草莓心茎灌阿维菌素防治。

根线虫：厚孢轮枝菌、坚强芽孢杆菌、蜡质芽孢杆菌、氨基寡糖素、淡紫拟青霉、氟吡菌酰胺、噻唑膦、阿维菌素、辛硫磷、冲施灌根。

果蝇：溴氰虫酰胺、灭蝇胺、噻嗪酮、性诱剂、糖醋液。

灰霉病：啶酰菌胺＋醚菌酯、吡唑萘菌胺＋嘧菌酯、氟唑菌酰胺＋吡唑醚菌酯、啶酰菌胺、嘧菌环胺、咯菌腈、多抗霉素、丁子香芹酚、异菌脲、乙霉威、克菌丹。

白粉病：啶酰菌胺＋醚菌酯、氟吡菌酰胺和肟菌酯、吡唑萘菌胺＋嘧菌酯、氟唑菌酰胺＋吡唑醚菌酯、醚菌酯、苯醚菌酯、乙嘧酚磺酸酯、腈菌唑、宁南霉素、多抗霉素、复合芽孢杆菌、蛇床子素、硫黄熏蒸器。

炭疽病：苯醚甲环唑、嘧菌酯、吡唑醚菌酯、多抗霉素，溴菌腈、氟啶胺、二氰蒽醌、咪鲜胺、克菌丹。

蛇眼病：嘧菌酯、苯醚甲环唑、多抗霉素等，或防治炭疽病、白粉病时兼防即可。

根腐病：噁霉灵、精甲霜灵、烯酰吗啉、甲霜灵、霜脲氰、土菌灵、霜霉威盐酸盐、络氨铜、咯菌腈、氟啶胺、春雷霉素，灌根。灌根后可用芽孢杆菌、木霉菌、寡雄腐霉预防。

青枯病：春雷霉素、中生菌素、氨基寡糖素、噻菌铜、芽孢杆菌，灌根预防。

芽枯病：取下喷头，用喷杆在草莓心茎喷多抗霉素、中生菌素、咪鲜胺＋多黏芽孢杆菌。

细菌性烂果病：春雷霉素、中生菌素，或荧光假单胞杆菌、多黏芽孢杆菌、枯草芽孢杆菌。

疫霉果腐病：精甲霜灵、霜霉威。

151. 斜纹夜蛾如何危害草莓种苗，怎样防治？

斜纹夜蛾属鳞翅目夜蛾科，是我国农业生产中的主要害虫之一。斜纹夜蛾食性杂，主要危害十字花科蔬菜、茄科蔬菜、豆类、草莓等，寄主植物多达 99 个科 290 多种。因此可以造成大面积发生，危害严重。

斜纹夜蛾喜欢温暖环境，发生适宜温度为 28～32℃、相对湿度 75%～85%，抗寒力较弱。华北地区，斜纹夜蛾 1 年发生4～5 代，浙江及长江中下游地区常年发生 5～6 代，华南和台湾等地可终年危害。成虫昼伏夜出，飞翔力强，对光、糖醋液等有趋性。产卵前需取食蜜源补充营养，产卵在植株的中下部叶片背面。初孵幼虫在卵块附近取食叶肉，留下叶脉和叶片上表皮。2～3 龄幼虫开始转移危害，也仅取食叶肉。幼虫 4 龄后昼伏夜出，食量大增，将叶片取食成小孔或缺刻，严重时可吃光叶片，并危害幼嫩茎秆及植株生长点。幼虫老熟后，入土化蛹。在田间虫口密度过高时，幼虫有成群迁移的习性。7～8月是斜纹夜蛾的危害高峰期，对草莓种苗的数量和品质影响很大。

草莓育苗中，清除杂草，结合田间作业，摘除卵块和幼虫扩散前的被害叶。利用斜纹夜蛾成虫的趋性，采用电子灭蛾灯、性诱剂或糖醋液等诱蛾，压低虫口密度。3 龄幼虫前是药剂防治的适期，可叶面喷施 1% 甲氨基阿维菌素乳油 1 000～1 500 倍液。傍晚太阳下山后施药，均匀喷施在叶面和叶背，药液量要用足。

152. 如何鉴别和防治蓟马？

作为京郊草莓种植区发生最为普遍的 3 大害虫（螨）之一，

蓟马在不同年份、不同区域呈小规模暴发趋势，已成为北京地区设施大棚草莓生产中最难防治的害虫之一。蓟马隐藏于草莓植株幼嫩组织部位或花内，以锉吸式口器锉破植物表皮组织，吮吸汁液，常锉伤顶芽、嫩叶或雌蕊等，导致植株矮小、生长停滞，叶片呈灰白色条斑、皱缩不展、花芽分化不良、花朵萎蔫或脱落、雌蕊变褐，不能结实，果实不能正常着色和膨大，或即使膨大果面却呈茶褐色，严重影响草莓产量和商品价值。在北京设施草莓上，蓟马通常有两个危害高峰：草莓定植后至冬前（9～10月）、春季气温回升后（3～4月）。近年来，由于草莓品种更新与技术改良，冬季棚室草莓花芽分化提前，11月下旬蓟马数量有所回升。如防治不及时，会严重影响冬季首批果实的商品性（彩图26）。

科学防治蓟马，首先要切断传播途径，安装防虫网、防虫门帘必不可少；其次可以利用蓟马对蓝色的趋性，在棚内悬挂蓝色粘虫板防治，诱捕成虫效果显著，可有效降低虫口密度，减少用药，绿色环保，无污染，操作简便，是一种常用的物理防治方法。

在实际应用中，掌握以下3点，对提高诱杀效果至关重要：一是要早。即不等发现害虫就预先设置粘虫板，一般在北京地区扣棚后即可悬挂，可以有效抑制虫口密度增加。二是要注意合理的悬挂高度和密度。建议悬挂在植株上方10～15厘米地方，并且随植株高度及时调整，设置密度视粘虫板的规格而定，一般每亩悬挂规格为25厘米×30厘米的粘虫板30片，25厘米×20厘米的粘虫板40片。三是要及时更换。发现板上虫量较多或因灰尘较多而黏性下降时，要及时进行更换，保证诱虫效果。

还可在保护地内释放东亚小花蝽进行生物防治。在蓟马发生初期，选择晴天中午释放800～1 000头/亩，间隔7天，共释放2～3次。

据报道，目前，蔬菜上的蓟马已经对有机氯、拟除虫菊酯、阿维菌素等多种杀虫剂产生了抗性。草莓是连续成熟、鲜食采摘的水果，采摘间隔期短，对生产安全要求非常高。在保证安全的前提下，能有效防治草莓蓟马的杀虫剂品种很少，乙基多杀菌素作为常用的生物杀虫剂之一，由于连续使用，也出现抗药性问题。北京市植物保护站研究多种药剂对蓟马的田间防效，结果显示 5％桉油精可溶液剂和 3％甲维盐微乳剂均具较好的速效性和持效性，药后一天防效达 65％以上，药后 7 天防效达 80％以上，能够有效控制田间草莓蓟马发生，应用效果较理想，推荐在生产中采用。

153. 如何防治蚜虫危害？

蚜虫是草莓生产中常见的主要害虫之一。危害草莓的蚜虫主要是桃蚜、棉蚜和草莓根蚜。蚜虫喜欢吸食草莓嫩尖、嫩叶的汁液，造成草莓嫩芽萎缩、嫩叶皱缩卷曲畸形不能正常展叶，生长不良甚至枯死，蚜虫分泌的蜜露，污染草莓叶片、果柄和果实，不但影响作物光合作用，对草莓的产量及品质也造成严重的影响。更严重的是，蚜虫是病毒的传播者，易导致病毒病在草莓植株之间蔓延（彩图 27）。

蚜虫在草莓植株上全年均有发生，以 9～10 月及次年 5～6 月危害最严重。在温室栽培中，蚜虫以成虫在草莓植株的茎和老叶下越冬，条件适宜时迅速繁殖危害。蚜虫一年可发生 10～30 代，在高温高湿条件下繁殖速度快，世代重叠现象严重，给防治造成一定困难。

对蚜虫的防治主要注意以下几点。第一，在温室的风口处安装防虫网进行阻蚜，管理过程中及时摘除老叶、病叶并带出温室销毁，清除温室内外杂草，减少虫源；第二，可以利用蚜虫的趋黄性，在温室内部悬挂黄板进行诱杀。一般每亩悬挂规格为 25 厘米×30 厘米的粘虫板 30 片，25 厘米×20 厘米的粘虫板 40 片，黄板的下端距草莓植株顶端 10～15 厘米，黄板粘满蚜虫时应及时更换。必须使用药剂防治时，可以使用 1.5% 苦参碱可溶液剂 1 000～1 200 倍液、50% 抗蚜威可湿性粉剂 3 000 倍液、10% 吡虫啉可湿性粉剂 2 000 倍液、25% 吡蚜酮可湿性粉剂 1 500 倍液或者 5% 啶虫脒乳油 2 000 倍液进行喷雾防治，轮换用药。

沈阳农业大学研究吡虫啉喷雾和灌根两种施药方法，测定吡虫啉对草莓蚜虫（桃蚜）的防效。结果表明，不同施药方法对蚜虫的防效不同。喷雾法短期防效（7 天内）优于灌根法，但持效期较短。灌根施药法速效性较差，但持效期长，药后 7～28 天防效保持在 70% 以上。同时，随着施药浓度的增加，灌根法的速效性有良好的提升。在草莓蚜虫盛发期前灌根施药可以有效防治蚜虫，此法可减少施药次数，从而节省人力物力。

154. 怎样防治蛞蝓与蜗牛危害？

日光温室内土壤湿度与空气湿度较大，易发生蛞蝓与蜗牛危害。蛞蝓，俗称鼻涕虫，是草莓园中一种常见的软体动物，通常生活在阴暗、潮湿、腐殖质较多的地方，一般昼伏夜出，在浇水或阴天后容易出洞。主要在夜间取食危害草莓，喜食草莓植株幼嫩部位，特别是成熟后的果实，取食后造成孔洞，并在果实表面形成白色黏液带，令商品性大大降低。

蛞蝓与蜗牛在温室中周年生长繁殖和危害。5～7 月在田间大量活动危害，入夏气温升高，活动减弱，秋季气候凉爽后，又活动危害。体壁较薄，透水性强，怕光、怕热，常生活在阴暗潮湿、含水量较多、有机质较多的土壤内。对低温有较强的耐受力。

对蛞蝓与蜗牛的防治，中耕除草，清洁温室内外，破坏其生长环境；在作物基部撒石灰，蛞蝓与蜗牛爬过时，会因身体失水而亡；采用高畦栽培并覆盖地膜，以减少危害机会；使用除蜗灵颗粒，每0.5～1米放几粒，对其进行诱杀。

利用蛞蝓喜食新鲜幼嫩蔬菜的特征，在生产上，我们也可以用此方法进行蛞蝓的绿色防控。具体操作时，可在傍晚前，使用新鲜、幼嫩的菜叶放置在蛞蝓易聚集的地方，人工捕捉并进行集中杀灭，数量较多时，可在清晨连同菜叶一起带出棚外，用食用盐、生石灰或草木灰等进行混合深埋，令蛞蝓失水而死亡。这种方法不仅省事、省钱，而且绿色环保，即使是在果实采摘期也可以放心使用，连续几天即可达到良好的效果。

155. 如何防治金针虫危害？

金针虫是鞘翅目叩甲科昆虫幼虫的总称，多数种类危害农作物和林草等的幼苗及根部，是地下害虫的主要类群之一。全身呈金黄色细长条，体表坚韧光滑，故名金针虫，金针虫在土壤中活动能力比蛴螬强。在草莓生产中主要危害草莓的根、茎部，有时也蛀果危害，在果实贴近地面的地方蛀孔，影响果实的商品性。

对金针虫等地下害虫的防治，一般多采取定植前，结合土壤消毒或旋耕进行，一般撒施毒·辛颗粒或乳油伴土均可对土壤中的虫卵达到较好杀灭效果。草莓生长期要注意清除园内及周边的杂草，消灭草上的虫卵和幼虫。田间发现少量害虫或植株萎蔫或果实被蛀时，可采取人工捕杀的方法，虫量较多，危害较重时，可以采用灌根的方法进行防治，一般每亩使用50%辛硫磷乳油200～300克，兑水500升左右，配成药液进行灌根，每株100毫升，即可达到较好效果。但是为了保障草莓果实的食用安全，尽量少用药。当发现草莓果实受金针虫危害，可以用竹竿将草莓果实垫起，离开地面。也可以用麦秸或其他杂物垫在地膜下面，使草莓离开地面就能减少金针虫对草莓果实的危害。

156. 如何防治蛴螬危害？

蛴螬又称地蚕、白地蚕和土地蚕，是金龟子如铜绿丽金龟和黑绒金龟等幼虫，杂食性害虫，是草莓生产中的重要地下害虫。蛴螬体肥大，弯曲成 C 形。老熟幼虫体长 30～40 毫米，多为白色至乳白色，体壁较柔软、多皱，体表疏生细毛。头大而圆，多为黄褐色或红褐色，生有左右对称的刚毛。成虫金龟子对未腐熟的厩肥有强烈的趋性，对黑光灯有较强趋光性。

蛴螬终生栖居于土中，一年中活动最适的土温平均为 13～18℃，高于 23℃ 或低于 10℃ 逐渐向土下转移。主要危害草莓地下部的根和茎，造成草莓生长不良甚至死苗，也有食害果实的现象。

防治蛴螬，重点在定植之前的整地做畦环节，注重田园清洁、不施用未腐熟的肥料等。

(1) 清洁田园。 前茬作物收获后，应及时清理田间杂草，运出深埋或烧毁，减少地下害虫产卵和隐蔽的场所。

种植前，深翻土壤，暴晒或进行土壤消毒，杀死地下害虫。

(2) 使用充分腐熟的肥料。 未腐熟的土杂肥和秸秆中藏有金龟子的卵和幼虫，而通过高温腐熟后大部分幼虫和卵能被杀死，猪粪、厩肥等农家肥必须经过腐熟后方可使用，否则易招引金龟子、蝼蛄等取食、产卵。

(3) 发现苗子萎蔫时，可于清晨进行人工捕杀。

(4) 利用地下害虫成虫的趋光性，在田间架设杀虫灯进行诱杀。 也可将红糖、醋、酒、水按一定比例配成糖醋液，与糠麸拌匀，撒入田间进行诱杀。

(5) 使用防虫网、遮阳网、塑料薄膜防止成虫侵入产卵。 对虫体较大的成虫防治效果可达 100%。

157. 如何鉴别和防治草莓根结线虫的危害？

草莓根结线虫在草莓根内取食，致使草莓根部细胞变大，并迅速增生，出现肿胀，成为虫瘿或节瘤。受根结线虫危害后，草莓根尖处形成大小不等的根结（虫瘿），剖开病组织可见到大量成团蠕动的线虫埋于其内。在虫瘿的上部和周围会有过多的根系生长，整个根系形成零乱如发的须根团，失去根系生长的活力。线虫活动妨碍了植株对水分和营养的摄入，草莓生长衰弱，表现为缺水、缺肥状，生长缓慢，叶片变黄，叶缘焦枯并提前脱落，开花迟，果实生长慢，草莓果实进入成熟期后，病株呈现严重干旱似的萎蔫，轻者病株虽能结果，但果实明显变小，成熟推迟。产量减半或更多。连年种植草莓的大棚，棚内土壤中积累的根结线虫增多。没有寄主植物时，主要以卵和休眠幼虫生活在土壤中。当棚内平均地温达到11.3℃时卵开始孵化，随着土壤温度的升高，越冬幼虫与刚孵化的幼虫在土壤中开始活动，当平均地温达到12℃时，幼虫就能从根端侵入，引起薄壁细胞的畸形发育，形成凸起的瘤状虫瘿。

根结线虫在通气良好、质地疏松的沙壤土中发生重，尤其是肥力低的沙质岭薄地发生重，黏性土壤发病轻；连作地发生重，轮作地发病轻，水旱轮作可以有效控制病害的发生。土壤含水量占田间最大持水量的20%以下或90%以上都不利于根结线虫的侵入，幼虫侵入的最适土壤含水量为70%。使用带虫瘿的病株繁殖草莓苗，易导致此病的传播蔓延。

棚室栽培草莓根结线虫病的防治，必须采取综合防治措施，才能取得较好的效果，靠单一措施或只注重药剂防治，都难以使草莓获得优质高产。

（1）园地选择和消毒。 选择定期进行土壤消毒的园地进行生产。多年连续种植的园区，进行土壤消毒是降低根结线虫危害的重要措施。土壤日晒也可以杀灭根结线虫。20厘米以内的土层，每天6小时以上土壤温度在45℃以上，根结线虫可以被消灭。江苏省南通地区的大棚草莓，施用不同量的石灰氮，与施用尿素相比，石灰氮在防治根结线虫、抑制杂草生长、提高果实品质和产量等方面作用明显，且随着施用量增加而效果加强，但施用量不可过高，当亩施用量为60千克时效果最佳，对根结线虫的防效为85.6%。

（2）实行轮作换茬。轮流种植非寄主植物是减少线虫数量的有效措施，比如大麦、黑麦等。

（3）使用合格种苗。种苗引进过程中，首先要注意引种地根结线虫的发生情况，然后对种苗的根系和叶片进行检验，可以确定是否有根线虫和叶线虫的存在。苗圃中的种苗，可用温水浸泡幼株以杀灭附着其上的幼虫，但不能用于生产苗，因为热水处理会降低生产苗的活性，操作不当会杀死种苗。

（4）加强栽培管理。一是注意田园清洁卫生。及时清除杂草和残株，一旦在棚室内发现根结线虫危害的植株，应定点进行清除，带出室外处理，这对降低发病基数作用显著。

（5）药剂防治。老病区，可每亩用1.5～2千克10%福气多（噻唑磷）颗粒剂或2亿孢子/克拟淡紫青霉粉剂2千克等整地时混入耕作层。发病初期可选用41.7%路富达（氟吡菌酰胺）悬浮剂6 000倍液，或5%阿维菌素微乳剂500倍液等喷淋定植穴。

158. 发生药害了怎么办？

由于手动小型喷雾器普遍存在跑冒滴漏现象，再加上部分种植户保苗护果心切，经常出现超量用药现象；或者不合适的温湿度条件、生育期施药，都有可能导致药害的出现（彩图28）。

出现药害后，要依据药害的产生原因以及严重程度采取不同措施：①灌水排毒。对因为土壤施药过量造成药害的，可灌水洗土，尽量排出全部或部分药物残留，减轻药害。②喷水冲洗。叶片遭受药害，可在受害处连续喷几次清水，可以清除或减少作物叶片上的农药残留。③足量浇水。浇足量水可满足植物根系大量吸水，对作物体内的药液浓度起到一定的稀释作用，也能在一定程度上起到减轻药害的作用。④喷施缓解药害的药物。对于除草剂和植物生长调节剂对作物造成的药害，可在作物上喷施海精灵生物刺激剂（叶面型）、磷钾源库＋芸苔素内酯等，可有效缓解药害。

如药害较轻，仅在叶片上出现黑褐色斑点（多种农药混用导致）或粉色灼伤斑（杀螨剂药害），且没有伤害到生长点，早期可以采取在植株上喷施清水来缓解，以稀释和冲洗沾附于叶片上的农药，降低植株体内外的农药含量，此项措施越早、越及时，效果越好。

同时配合加强水肥管理，适当增施氮磷钾肥或喷施叶面肥，提升植株健壮程度来抵抗药害，必要时可喷施 20 000 倍碧护或其他生长调节剂进行调节，促进植株恢复。但切记，如药害原因是使用过量生长调节剂造成，则不可再继续使用此种方法；如生长点受损，有条件时要及时补苗，否则只能拔除。

参 考 文 献

陈铣，花秀凤，2005. 福州地区不同海拔高度对草莓花芽分化的影响 [J].
    福建农业科技（2）：28-29.

邓明琴，雷家军，2005. 中国果树志·草莓 [M]. 北京：中国林业出版社.

董清华，朱德兴，文延年，等，2007. 草莓栽培技术问答 [M]. 北京：中
    国农业大学出版社.

郭永婷，朱英，沈富，等，2016. 日光温室草莓管道立体无土栽培技术
    [J]. 现代农业科技（14）：182-183.

蒋桂华，张豫超，杨肖芳，等，2017. 大田无假植育苗草莓花芽分化特点
    与定植适期研究 [J]. 浙江农业科学，58（3）：420-422，425.

李翠英，2015. 棚室草莓根结线虫病的症状识别与防治 [J]. 农药市场信
    息（30）：55.

李邵，2016. 草莓无土栽培的几种模式 [J]. 农业工程技术（温室园艺）
    （3）：16-17.

森下昌三，郑宏清，叶正文，1993. 草莓——生理生态及实用栽培技术 [M].
    上海：上海科学技术出版社.

孙淑媛，郁松林，尹长山，等，1990. 草莓花芽分化时期及形态观察 [J].
    新疆农业科学（3）：123-124.

王国平，刘福昌，国际翔 .1991. 我国草莓主栽区病毒种类的鉴定 [J]. 植
    物病理学报，21（1）：9-14.

王丽娜，常琳琳，王桂霞，等，2015. 草莓叶片加工前后营养成分分析
    [C] //中国园艺学会草莓分会，北京市农林科学院 . 草莓研究进展
    （Ⅳ）. 北京：中国农业出版社，151-155.

西泽隆，2018. 全方位看草莓 [M]. 张运涛，雷家军，蒋桂华，等译校.
    北京：中国农业出版社.

杨红，王连君，2007. 寒地草莓植物学特性与花芽分化的关系 ［J］. 北方园艺（3）：31－32.

杨肖芳，张豫超，苗立祥，等，2017. 不同苗龄子苗对草莓生长发育和产量的影响 ［J］. 浙江农业科学，58（3）：423－425.

杨肖芳，张豫超，苗立祥，等，2017. 定植期对草莓越心、越丽物候期及产量的影响 ［J］. 浙江农业科学，58（4）：587－589.

叶正文，森下正博，博美，等，1996. 匍匐茎苗大小及处理日数对一季性草莓低温短日成花诱导的影响 ［J］. 上海农业学报（1）：45－49.

张运涛，孙瑞，王桂霞，等，2017. 荷兰和日本种子繁殖型草莓新品种及其关键栽培技术 ［J］. 中国果树（6）：99－100＋104.

张建婷，樊贵盛，马丹妮，2012. 低温区温室大棚滴灌系统设计的若干问题 ［J］. 中国农村水利水电（8）：34－37.

郑永利，童英富，曹婷婷，2017. 草莓病虫原色图谱 ［M］. 2 版. 杭州：浙江科学技术出版社.

Larry L. Strand，2011. 草莓有害生物的综合防治 ［M］. 张璐生，等译. 北京：中国农业大学出版社.

图书在版编目（CIP）数据

设施草莓栽培与病虫害防治百问百答 / 宗静，马欣，王琼主编. —北京：中国农业出版社，2020.9（2021.11 重印）
（设施园艺作物生产关键技术问答丛书）
ISBN 978-7-109-27045-9

Ⅰ.①设…　Ⅱ.①宗…②马…③王…　Ⅲ.①草莓—果树园艺—设施农业—问题解答②草莓—病虫害防治—问题解答　Ⅳ.①S668.4-44②S436.68-44

中国版本图书馆 CIP 数据核字（2020）第 119546 号

中国农业出版社出版
地址：北京市朝阳区麦子店街 18 号楼
邮编：100125
责任编辑：丁瑞华　黄　宇　李　蕊
版式设计：王　晨　责任校对：吴丽婷
印刷：中农印务有限公司
版次：2020 年 9 月第 1 版
印次：2021 年 11 月北京第 2 次印刷
发行：新华书店北京发行所
开本：850mm×1168mm　1/32
印张：5.75　插页：2
字数：150 千字
定价：25.00 元

彩图1 品种：红颜（宗静 摄）

彩图2 品种：香野（宗静 摄）

彩图3 品种：小白草莓
（王琼 摄）

彩图4 品种：京桃香（王琼 摄）

彩图5 大田育苗（宗静 摄）

彩图6 地面基质育苗模式（王琼 摄）

彩图7 日本高架基质育苗
（祝宁 摄）

彩图8 日光温室东西垄滴灌
系统设计（马欣 摄）

彩图9 定植前准备（祝宁 摄）

彩图10 适宜栽植深度
（宗静 摄）

彩图11 浇足定植水（马欣 摄）

彩图12 蜜蜂授粉（宗静 摄）

彩图13 缺钙症（宗静 摄）

彩图14 缺铁症（宗静 摄）

彩图15　草莓套种洋葱（祝宁　摄）

彩图16　草莓套种鲜食玉米
（裴志超　摄）

彩图17　草莓套种葡萄
（陈宗玲　摄）

彩图18　粘虫板诱杀（马欣　摄）

彩图19　草莓灰霉病症状
（宗静　摄）

彩图20　草莓苗期炭疽病症状
（宗静　摄）

彩图21　根腐病症状
（祝宁　摄）

彩图22　细菌性角斑病症状
（宗静　摄）

彩图23　草莓叶斑病症状（宗静　摄）　　　彩图24　跗线螨危害状（宗静　摄）

彩图26　蓟马危害状
（宗静　摄）

彩图25　草莓红蜘蛛危害状（宗静　摄）

彩图27　蚜虫危害状（宗静　摄）　　　彩图28　药害（宗静　摄）